:zukunfts|institut

KONSUMENT 2020

KONSUMENT 2020

KONSUMENT 2020

Die wichtigsten Konsumtrends im Wandel der Zeit

Corinna Langwieser | Anja Kirig

Vorwort

Konsument 2020

Vor gut zehn Jahren, im Herbst des Boom-Jahres 1999, eröffneten wir mit einer inzwischen legendären Studie das Publikationsprogramm des damals noch embryonalen Zukunftsinstitutes. Sie hieß »Konsument 2010« und entwickelte sich zu einem Long-Seller, der bis in die letzten Jahre von unseren Kunden und Freunden nachbestellt wurde. In »Konsument 2010« ging es um Handelstrends wie »Die Große Marktspaltung« (in Luxus und Discount), den »Konsum-Feminismus« (weibliche Produktwelten), um »Smart Shopper« und »Natural Shopping«, »Authentic« und »Retro«. Also viele jener Marketing-Modewörter, die vor zehn Jahren in aller Munde waren. Erstaunlich, wie aktuell heute viele dieser Themen wirken, als wären sie soeben erst formuliert worden.

Matthias Horx
Konsument 2010
Zukunftsinstitut 2000

Woran das liegt, hängt mit unserer Betrachtungsweise des Phänomens »Konsum« zusammen. Konsum ist für uns nicht nur ein Verkaufsproblem, sondern eine eigenständige Dimension der Kultur. Jede Gesellschaft, selbst die Jäger- und Sammler-Kultur, hat eine bestimmte Form des Austauschs und Erwerbs von Waren entwickelt. Wie Menschen mit Waren und Produkten umgehen, sie in Dienstleistungen und Kommunikation einbinden, sagt eine Menge über sie aus. Wir betrachten den Konsum mit dem Blick von Ethnologen. Wir sehen uns als Konsum-Anthropologen. Für diesen Ansatz sind wir in den öffentlichen Medien oft als »Knechte des Marketing« denunziert worden: Konsum gilt im gesellschaftspolitischen Diskurs als der Teufel persönlich, ihn als »Kultur« zu bezeichnen scheint wie ein Tabubruch. Aber auch das traditionelle Marketing ist nicht immer froh über unsere Sichtweise. Wir sehen Menschen nicht nur als Objekte oder Adressaten von Verkaufsbemühungen, als »Verbraucher«, die man via »recall« und »penetration« zum »point of sale« treibt, um ihnen dann »cash« abzuknüpfen.

Deshalb dürfen Sie diese Studie – wie die vor zehn Jahren – nicht als (Ab-)Verkaufsanleitung begreifen. Sondern als Hilfe zum Verständnis eines komplexen Verhältnisses, in dessen Mittelpunkt der Mensch steht. Für uns sind es im Kern authentische Wünsche, Sehnsüchte, Wertewandelprozesse, die den Markt prägen und bestimmen.

Konsument 2010

Mass-Customization

Große Marktspaltung

Konsum-Feminismus

Prinzip Erlebniskonsum

Hightouch-Ökonomie

Marketing jenseits der Massenwerbung

Lessness, Retro, Authentic

Business Nomads

Konsument 2020

How-To

Diskretionismus

Ich-Werte-Konsum

Mood-Manufacturing

Supersicherheit

Dialogisierung

Multi-Tool-Design

Neo-Recycling

Self-Design

Neo-Urbanismus

Märkte sind Kommunikation. Konsumenten-Trends sind Sozio-Trends. Und eben nicht nur »Trends im Marketing«! Das Marketing hat heute, zehn Jahre nach der ersten Konsumenten-Studie, eine sichtbare Krise oder sagen wir vorsichtiger: Formschwäche. Es kommt nicht mehr so präpotent wie zur Jahrtausendwende daher, als es sich in großen Städten wie Hamburg oder München zur Leitkultur entwickelte. Die Werbeetats stiegen ins Astronomische, ein »Kreativer« war mit Sicherheit ein Werber, und die Marketing-Cracks waren so etwas wie die Börsengurus der damaligen Zeit – inklusive Bonus. Das Zentral-Thema damals lautete Jugendkonsum: bunt, hip, schrill. Die Luxusmärkte boomten. Doch der Rausch einer Zeit, als Märkte in alle Nachfrage-Richtungen zu explodieren schienen, sind vorbei. Nicht nur, weil die Kaufkraft stagniert und die Menschen älter werden, sondern weil man es – wie an den Börsen – heftig übertrieben hat. Viele Marktsektoren sind, wie wir es voraussahen, übersättigt, ja zerstört. Viele Werbebotschaften fade und unglaubwürdig. Die Preisspirale dreht sich weiter nach unten, aber auch deshalb, weil ein kritisch gewordener »Prosument« keinen Sinn mehr in vielen Produkten sieht, die im Wesentlichen aus Verpackung und Behauptung bestehen. Wir leben in einer veränderten (Um)Welt. Aus Marketing-Maßnahmen wird heute der Zwang zur ethischen Erkennbarkeit: Das Thema der Moral ist nicht mehr nur ein Randphänomen. Wer heute im Konsummarkt vorankommen will, muss tatsächlich und substanziell Innovation bringen. Er kann nicht einfach nur Etiketten kleben, wie etwa ein »Wellness« -Prädikat auf Salamis, Socken oder Duschwannen.

Heute, zehn Jahre danach, bieten wir Ihnen mit dieser Studie mehr als ein »Update«. Viele der damals geschilderten Trends sind gereift, haben neue Richtungen eingeschlagen, neue, kräftige Triebe ausgebildet. Der »Grüne Konsum« ist, wie vorausgesagt, ein wichtiger Marktfaktor geworden, auf bestem Wege eine »neue Konsummitte« zu definieren. Der Discount-Trend scheint ungebrochen, ist jedoch in vielerlei Hinsicht differenzierter. In der Welt der Trends verändert sich vieles. Manches bleibt aber auch gleich, weil humane Konstanten sich nun einmal nicht innerhalb eines Jahrzehnts ändern. Die Kultur des Konsums geht neue Wege zwischen Vernunft, Lust und Moral. Und das bleibt spannend.

Viel Erleuchtung beim Lesen
wünscht Ihr

Matthias Horx

Veränderungen von Konsummustern und -Bedürfnissen

	Konsument 2000	Konsument 2010	Konsument 2020
Konsum-Ziel	Status & Prestige	Genuss & Erlebnis	Zeit & Freiraum
Konsum-Gesellschaft	Die Mitte ist tot	Comeback der Mitte	Nischen-Märkte
Einkaufs-Plus	Befriedigungskonsum	Verantwortungskonsum	Selfness-Konsum
Konsum-Zeit	Freizeit	24/7	Situativ
Werbe-Adressaten	Zielgruppe	Kundengruppe	Lebensstil
Zahlungsmittel	Money makes the world go round	Moral verpflichtet	eigener Einsatz
Werbewährung	Aufmerksamkeit	Dialog	Open Source-Freunde
Medien	www.	Community, Blog und Twitter	Individual Net
Netzwerk	»Ich gehe ins Internet«	»Das Netz kommt mit mir«	»Das Netz bin ich«
Kultobjekt	MP3-Player	iPhone	iWorkLifeBalance

Quelle: Zukunftsinstitut 2010

Mood Manufacturing

Frustkauf, Lustkauf oder Ersatzbefriedigung – insbesondere der Konsum ist stark von sekundären Emotionen und Gefühlen geprägt. Die Gefühle reichen vom schlichten Bedürfnis über manifestierte Sehnsucht bis hin zu großer Enttäuschung oder auch Verdruss. Schon lange wird nicht mehr nur konsumiert, um den reinen Bedarf zu stillen, sondern auch um sich besser zu fühlen – egal ob mit Fokus auf die eigenen Gemütsbewegungen oder den physischen Effekt.

Gerade in der Emotionsforschung passiert momentan viel – von Glückswissenschaften bis hin zu Übergewichtsgründen
Mehrere Studien haben so zum Beispiel in den letzten Monaten belegt, dass Gefühle durchaus ansteckend sind. Zum einen trifft das auf negative Emotionen zu, wie etwa Einsamkeit. Laut »Journal of Personality and Social Psychology »verabschieden sich einsam fühlende Menschen nicht nur nach und nach aus ihrem sozialen Netzwerk, sondern hinterlassen auch bei ihren Freunden ein erhöhtes Risiko, einsam zu werden«. Und auch eine negative Einstellung ist dem »Journal of Consumer Research« zufolge übertragbar. So beeinflusst das negative Denken des sozialen Netzwerks auch das eigene Denken von »gut« zu »schlecht« und von »schlecht« zu »noch schlechter«. Zum anderen können aber auch Spaß oder Glück ansteckend wirken. So unterliegt etwa das Gefallen eines Filmes einer Gruppendynamik, die Gefühle synchronisieren sich nach gewisser Zeit. Das »British Medical Journal« berichtete, dass es uns vor allem glücklich macht, wenn unsere Nachbarn oder Freunde dieses Gefühl aussenden. Der Lebenspartner hingegen ist mit acht Prozent Ansteckungsgefahr Schlusslicht der Glücks-Virus-Überträger.

Und gerade der Akt des Kaufens soll nicht länger nur kurzfristig die Stimmung verbessern, sondern einen nachhaltigen Effekt haben. Somit werden Produkte zunehmend zu Problemlösungsmitteln, die gezielt die unterschiedlichen Gefühle ansprechen müssen. Im besten Fall lässt sich das Objekt individuell – zum Beispiel über Akustik, Farbe und Klima – der Stimmung anpassen, und erkennt bereits vorab die jeweilige Gemütslage und adaptiert sich. Die Kernleistung des Produkts darf dabei jedoch nicht vergessen werden – zumindest auf materieller Ebene. Der Verbraucher erwartet den Mehrwert als selbstverständlichen Bonus nicht als Basisleistung. Mood-Dienstleistungen hingegen können auch singulär vom emotionalen Mehrwert leben.

Prinzipiell wird der Konsumtrend Mood-Manufacturing gesellschaftsübergreifend auf Zuspruch stoßen. Abhängig vom Lebensstil wird es jedoch unterschiedliche Präferenzen geben, welche Sinne angesprochen werden sollen, bzw. welchen Zweck die Mood-Manufacturing-Produkte oder -Dienstleistungen erfüllen sollen. So werden die sich im Aufbruch befindenden Lebensstile (auch die der älteren Generation) eher an Leistung erhaltenden resp. Balance fördernden, mobilen Produkten interessiert sein, während Familien, aber auch ältere Generationen ein erhöhtes Schutzbedürfnis haben werden. Die sich im Umbruch befindenden, nicht zuletzt die kreativen Lebensstile sind vor allem für inspirierende Mood-Produkte zu begeistern.

Mood-Manufacturing: High Touch

Dass Farben Einfluss auf unsere Emotionen haben und eng mit Stimmungen verbunden sind, ist keine Neuigkeit. Nach Jahren des Schwarz- und Weiß-Trends setzen die Hersteller erfolgreich wieder auf Farbe. Nicht zuletzt Vorreiter Apple hat mit seiner bunten iPod-Kollektion neue Maßstäbe gesetzt, und so gibt es mittlerweile eine Vielzahl an bunten Tech-Gadgets – von Digi-Cam (z.B. Canon PowerShot) bis PC (z.B. Vaio von Sony). Allerdings einmal gewählt, bleiben die Farben für immer so und sind nur durch Applikationen veränderbar. Nicht so bei den neuen Küchenprodukten, die vom Stardesigner Karim Rashid für Gorenje entworfen wurden. Neben einem eigenwillig gestalteten Induktions-Kochfeld mit Power-Boost-Funktion, Touch Control, Power-Ankochautomatik sowie Timer-Funktion gehört ein Backofen zur neuen Linie »Gorenje designed by Karim Rashid«, dessen frontseitige LED-Streifen wechselfarbig beleuchtbar sind. »Living Colors« heißt die Leuchten-Serie von Philips, welche sich ebenfalls farblich der jeweiligen Stimmung anpassen kann. Über eine Fernbedienung mit Farbrad kann der jeweils gewünschte Ton ausgewählt werden.

Rückblick

Vom Erlebniskonsum zum Mood-Manufacturing

»Konsum wird zunehmend als Stress empfunden, der Mangel an Dienstleistung beherrscht die Käuferpsychologie. Gegenstände werden zu Wartungsproblemen, Genuss zu einem »Diätproblem«, Konsumgüter zu »Gerümpel«.« (Konsument 2010, Zukunftsinstitut 2000)

Während die 1990er-Jahre ganz im Zeitalter des »Geiz-ist-geil« standen, waren die letzten zehn Jahre durch einen markanten Wertewandel hin zu immateriellem Konsum geprägt. Erlebniskonsum fand nicht länger auf Rudis Resterampe statt, sondern zum Beispiel in den virtuellen Welten des Second Life. Die Verbraucher – satt vom Überfluss, skeptisch gegenüber Marketinghülsen – lernten, dass Support und Dienstleistungen ihnen einen wesentlich langfristigeren Wohlfühleffekt ermöglichen als das letzte Schnäppchen vom Discounter. Sie transformierten die Konsumfreude, den Spaß am Shoppen auf eine ganzheitlichere Ebene. Weg von der schnellen Befriedigung hin zum langfristigen Genuss. Mit dem Mood-Manufacturing findet nun eine erneute Umwandlung statt, indem der ganzheitliche Genussaspekt wieder vom Produkt ausgeht. Konsumgüter müssen die Sinne ansprechen, mehr bieten als die kurze Sättigungsfreude zwischen »Haben-Wollen« und »Besitzen«. Sie müssen ihren Eigentümer nachhaltig emotional zufriedenstellen.

*Mood-Manufacturing und die neuen Lebensstile**

Lebenssituation	*Spezifische Bedürfnisse*	*Lebensstile*
Aufbruch	*Ruhe, Ausgeglichenheit, Selbstvertrauen, Energie*	*CommuniTeens, Young Globalists, Silverpreneure, Tiger-Ladys*
Umbruch	*Inspiration, Mut, Zuversicht, Hoffnung*	*Inbetweens, Latte-Macchiato-Familien, Greyhopper*
Zwischenstopp	*Sicherheit, Zuverlässigkeit, Ausdauer, Zufriedenheit*	*Super-Daddys, VIB-Familien, Netzwerk-Familien, Super-Grannys*

Quelle: Zukunftsinstitut 2010

**Siehe Kapitel »Kurzdefinitionen Lebensstile 2020«*

Mood-Manufacturing: High Taste

Lebensmittel gibt es mittlerweile für alle Lebenslagen: Der Teebeutel verspricht »Atme Dich frei« und »Träum schön«, die Schokolade – zumindest deren Verpackung – garantiert »Erste Hilfe« oder »Ein Stück vom Glück« und die Suppen Energie, Liebe oder auch Balance. In Australien gibt es jetzt das erste positive Mineralwasser. »A Bottle of« (www.abottleof.com.au) enthält nicht nur erfrischendes »Nichts«, sondern zusätzlich positive Botschaften wie »Stärke«, »Liebe« oder »Wohlbefinden«.

Im Zuge der durch den gesellschaftlichen Wandel stärker in den Fokus rückenden Volkskrankheiten wie Burn-Out oder depressiver Verstimmungen wird in den nächsten Jahren die Nachfrage nach solchen Lebensmitteln steigen, die einen direkten Einfluss auf Stimmung und Gemütsverfassung haben. Es wird nicht ausreichen, nur mit Botschaften einen positiven Effekt zu simulieren, sondern die Konsumenten werden ganz spezifische Erfolge vom Genuss verlangen. Dies kann sowohl mittels natürlicher Zusatzstoffe erreicht werden, aber auch durch die Beigabe medizinisch wirksamer Mittel.

Die ersten Kochbücher resp. Ratgeber sind auf den Markt. Etwa »The Food-Mood Solution: All-Natural Ways to Banish Anxiety, Depression, Anger, Stress, Overeating, and Alcohol and Drug Problems and Feel Good Again«. Autor Jack Challem erläutert, dass mit der richtigen, nährstoffreichen Ernährung Stress minimiert wird und damit psychische Folgeerkrankungen wie Depressionen, Essstörungen oder sogar Suchterkrankungen verhindert werden. Dr. Andrea Flemmer hingegen verspricht mehr Glück durch die richtige Ernährung. »Mood Food – Glücksnahrung. Wie man durch Essen glücklich wird«, heißt der aktuell erschienene Ratgeber, der erklärt, wie eine geschickte Speiseplangestaltung die Laune deutlich verbessern und sogar Glücksgefühle erzeugen kann.

Curious, Vivacious, Unavailable, Uninhibited – also »neugierig«, »lebhaft«, »nicht erreichbar« oder »hemmungslos« – heißen die vier Sorten der neuen Getränkelinie »Me« der aus Kalifornien stammenden Juice Creations Co. (www.findyourme.com). Je nach Charakter sollen die Kundinnen ihr Getränk bestimmen. Stamina, Strength, Revitalize, Defense, Heart Healthy, sprich »Ausdauer«, »Kraft«, »Wiederbelebung«, »Schutz« und »Herzgesundheit« die heißen mit zahlreichen Vitaminen, Mineralstoffen, Aminosäuren, Elektrolyten und Kräutern versetzten neuen Saftsorten von NBI Juiceworks (www.nbijuiceworks.com)

Auf den Philippinen, in der Metropole Quezon City, hat 2009 ein Restaurant eröffnet, das mittels natürlicher Zutaten Glückshormone produzierende Speisen serviert. Der Name des Restaurants »Van Gogh is bipolar« sowie auch die Titel der Gerichte wie etwa »Edgar Allen Poe's, How hell tastes like?'» oder »Tim Burton's Manic Episode« greifen krankhafte Zustände auf oder spielen mit den mentalen Eskapaden von bekannten Zeitgenossen und alten Größen. Die Gerichte können nach Gemütsverfassung ausgewählt werden, beugen aber vor allem durch Johanniskraut sowie serotonin- oder dopaminhaltige Zutaten Depressionen vor oder verhindern emotionale Achterbahnfahrten in dem sie Blutzuckerspiegel regulierend wirkend.

Mood-Manufacturing: Hochgefühl

Die Situation der Stimmung anzupassen ist bei der Wahl der Freizeitaktivitäten prinzipiell nichts Neues. Wer keine Lust auf viele Menschen hat, wird kaum durchs Nachtleben ziehen, wer Kommunikation braucht, keinen Yoga-Kurs besuchen. In manchen Situationen ist der Verbraucher jedoch eher hilflos. Wohin, wenn mir der Schalk im Nacken sitzt, mich der Katzenjammer packt oder ich mich ganz mondän oder mädchenhaft fühle. Erst in der Beta-Version erhältlich wird derzeit gerade die www.ifeelearth.com-Seite optimiert. Je nach Stimmung kann dort auf Google-Maps die passende Aktivität in der jeweiligen Stadt gesucht werden.

Multifunktional und ästhetisch ansprechend ist das erste Kosmetikprodukt, das auch gegessen werden kann. Erotik pur verspricht die Anzeige von Amanprana (www.noble-house.tk). Das Bio-Tages-, Körper- und Massageöl basiert auf der Philosophie: »Was man nicht essen kann, streicht man auch nicht auf seine Haut.« Innerhalb von 12 Stunden nimmt der Körper das Öl über die Haut auf und unterstützt und verstärkt so Stimmungen und Gefühle. Munterkeit, gute Laune, emotionale Unterstützung oder Geborgenheit soll der Anwender bei den Ölen mit Namen wie Pazzionata, Jasminum oder Lavandula verspüren.

Mood-Manufacturing: Golden Eye und die Sinnes-Spionage

Aber Mood-Manfacturing dient nicht länger nur Privatpersonen zum individuellen Wohlbefinden. Auch im Rahmen des neuen Sicherheitsbedürfnisses kommen vermehrt stimmungüberwachende Produkte zum Einsatz. So sind bereits in Großbritannien Software-Lösungen bei Versicherungen Alltag (z.B. bei der Highway Insurance, www.highway-insurance.co.uk), welche die Stimme der Anrufer auf Stress überprüfen, um so mögliche Versicherungsbetrüger frühzeitig zu entlarven. Auch skeptisch Verliebte können die ehrlichen Absichten des Angebeteten mit Hilfe des »Love Detects« (www.lovedetect.com) über den Grad der Anspannung in der Stimme testen.

No Lie MRI (www.noliemri.com) geht noch einen Schritt weiter und ermittelt die Wahrheit mittels Kernspintomographie. Der Blick ins Gehirn verrät Lügner, da beim Formulieren von Unwahrheiten die erhöhte Anstrengung durch stärker durchblutete Regionen im Gehirn sichtbar wird.

Eine andere, bereits an 14 US-Flughäfen eingesetzte und vom bekannten Forscher zur nonverbalen Kommunikation Paul Ekman (www.paulekman.com) entwickelte Methode sind geschulte Sicherheitsbeamte, welche anhand von unauffälligen Mikro-Mimiken im Gesicht erkennen, ob jemand Seelenqualen erleidet. Da jedoch nur ungefähr jeder hundertste Mensch diese Sensibilität gegenüber kaum wahrnehmbaren Mienenveränderungen hat, wird derzeit an einem Computersystem geforscht. Das US-Ministerium für Heimatschutz hat der Rutgers University in New Jersey 3,5 Millionen US-Dollar dafür zur Verfügung gestellt.

Microsoft entwickelt derweil ein System, welches Pulsrate, Körpertemperatur, Blutdruck und Mimik einer am PC arbeitenden Person über kabellose Sensoren kontrollieren kann. Ein ganz privates Sicherheitssystem, das über die Messung der Körpertemperatur Alarm schlägt, ist der von Chris Ebejer entwickelte »Baby Glow«-Strampler. Der Strampelanzug für Kinder bis zwei Jahre verändert bei erhöhter Temperatur oder Fieber seine Farbe von blau, pink oder grün in weiß.

Mood-Manufacturing: High Fragrance

Aber nicht nur die Nahrungsmittelindustrie unterhält große Forschungs- und Entwicklungslabors, um die Effekte der vermeintlich zweitrangigen Wirkungsweisen der Produkte auf die Stimmung und Fitness zu untersuchen.

Düfte und Aromen wecken Erinnerungen und rufen Gefühle hervor. Wesentlich stärker als etwa Geräusche, sind sie mit Emotionen verbunden, wie jüngst eine Forschungsarbeit israelischer Wissenschaftler bestätigte. Aber Düfte haben nicht nur psychisch heilende Wirkungen, sondern auch physische. Mittlerweile werden sie sogar in der Krebstherapie eingesetzt Im M.-D.-Anderson-Krebszentrum der University of Texas in Houston zum Beispiel wird Aromatherapie als komplementäre Therapie genutzt. Lavendel, Rosmarin, grüne Minze, Lorbeer und Ylang Ylang werden gegen Stress und Schmerzen eingesetzt.

Maslow'sche Bedürfnishierarchie

Stufen und Gewichtung der Defizite, welche die Menschen im 20. Jahrhundert zu erfüllen suchten

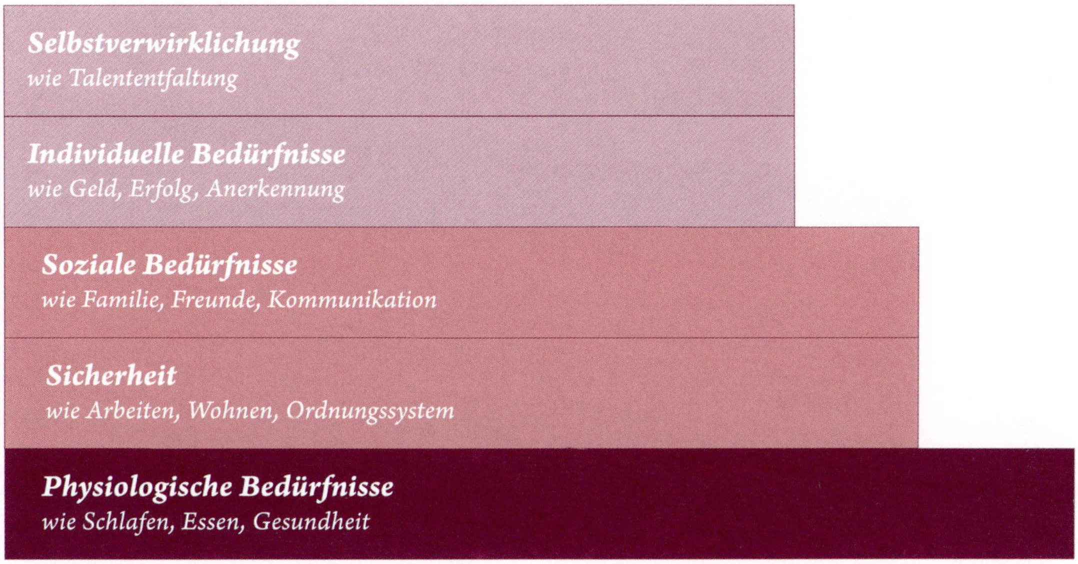

Und auch beim Lernen helfen Aromen. So wurden im Rahmen des Projekts »Dufte Schule« in Klassenzimmern speziell zusammengestellte Duftmischungen verströmt, etwa Zitrusdüfte, welche die Konzentration fördern sollen, oder Lavendelöl, das entspannend wirken soll. Mit erstaunlicher Wirkung: In den 18 Schulklassen unterschiedlichster Art mit insgesamt über 300 Kindern und Jugendlichen stieg (verglichen zu der Zeit zuvor) die Konzentration der Schüler um 39 Prozent, die Motivation um 44 Prozent, und die Aggressivität der Schüler sank um 32 Prozent.

Der positive Einfluss des Raumdufts auf das Kaufverhalten wurde schon in den 1990ern von Anja Stöhr von der Universität Paderborn dokumentiert. Die Wissenschaftlerin konnte belegen, dass Kunden unter Einfluss von Düften länger im Shop blieben, sich ausführlicher mit dem Sortiment beschäftigten und offener für Beratung waren. Die Kauflust stieg um 15 Prozent, der Umsatz legte um sechs bis acht Prozent zu. Am effektivsten wirkte sich der Duft aus, wenn er nur knapp wahrnehmbar war.

Immer häufiger wünschen sich Verbraucher jedoch die volle Kontrolle über den Einsatz von Düften als Mood-Management-Tool und fordern Produkte und Dienstleistungen ein, welche mittels Aromen ihnen ein positives Erlebnis verschaffen. Eine Idee in diese Richtung sind zum Beispiel Aroma-USB-Sticks, die sich mobil und flexibel einsetzen lassen, konzentrationsfördernd wirken und natürlich für gute Luft sorgen sollen.

Neue Bedürfnishierarchie im 21. Jahrhundert

Die Maslow'sche Kette ist obsolet: Essen und Schlafen bedingen Arbeit und Wohnung. Arbeit und Wohnung bedingen soziale Beziehungen. Soziale Beziehungen sind Voraussetzung für Anerkennung und Erfolg, die wiederum Anreiz zur Selbstverwirklichung bieten. Die einstigen Grundbedürfnisse wie Essen, Wohnung oder politische Stabilität sind in den westlichen Nationen mehr oder weniger gesichert. Dadurch und durch den rasanten gesellschaftlichen Wandel ist die Gewichtung der Lebensmotivationen in ihrer Bedeutung für den Einzelnen stark angeglichen und wird je nach Lebenssituation und -stil individuell neu bewertet.

Bedürfnishierarchie im 21. Jahrhundert

Bildung, Female Shift *Leistung, Neugierde, Unabhängigkeit*
Individualisierung, Mobilität *Balance, Ruhe, Support*
Wertewandel, Connectivity *Familie, Beziehungen, Ethik*
Globalisierung, New Work *Kreativität, Idealismus, Sicherheit*
Gesundheit, Silver Revolution *Genuss, Selbstreflexion, Pro-Aktivität*

Quelle: Zukunftsinstitut 2010

Prognose 2020

Dadurch, dass sich in unserer Gesellschaft die Gewichtung der Stufen der Maslow'schen Bedürfnispyramide derzeit transformieren und neu ausrichten, wird die Erhaltung der physiologischen Bedürfnisse wie Gesundheit künftig ebenso wichtig wie Individualbedürfnisse nach mentaler Stärke. Daraus ergibt sich nicht nur ein immaterieller Konsum, sondern auch ein steter Wunsch der Verbraucher, die Defizite auszubalancieren. Sprich, ging es im 20. Jahrhundert noch primär um die Befriedigung der Urbedürfnisse, werden die Lebensmotivationen künftig vielschichtiger und emotionaler, wodurch sich ein Riesenmarkt für Mood-Manufacturing-Produkte ergibt.

Neo-Recycling

Aus Alt mach Schick – Mir geht es um Style-Kopfstandprodukte und Ewigkeit, nicht um Masse!

Aus Alt mach Schick – Style-Kopfstandprodukte bei denen es nicht um Massenkonsum, sondern um Ewigkeit geht

Das leidige Wort Recycling lässt die Gedanken sofort auf grau-hartes Toilettenpapier, müffelnde Gelbe Säcke oder im besten Fall auf buntes »Ich war eine Dose«-Spielzeug kommen. Dadurch dass Müll verwertet wird, haftete dem Begriff stets ein übler Beigeschmack an. Recycling unterlag zwar immer der »political correctness«, war aber nie wirklich populär. Nicht zuletzt, weil die Endresultate bis dato zu wünschen übrig ließen. Doch mit Neo-Recycling geht die Aufbereitung völlig neue Wege. Im Fokus steht nicht länger unbedingt die Umwelt- und Ressourcenschonung, sondern vor allem der individuelle Charakter des Ausgangsprodukts. Es geht also nicht wie beim klassischen Recyceln um ein »Aus Alt mach Neu«, stattdessen um ein Wieder-in-Wert-Setzen eines überholten Objekts, mitunter sogar eines Abfallproduktes. Natürlich spielt hierbei auch der Wertewandel in unserer Gesellschaft eine entscheidende Rolle.

Aber die einstige Wegwerfgesellschaft schätzt nicht zuletzt auch durch die aktuelle Krise die alten Produkte neu. Wobei hier nicht zwangsläufig die alte Faustregel »alt gleich günstig« gilt. Neo-Recycling rangiert von umsonst bis Kunstobjekt. Michael Thompson unterscheidet in seinem Werk »Die Theorie des Abfalls. Über die Schaffung und Vernichtung von Werten« zwischen drei Arten von Objekten: den dauerhaften, den vergänglichen und dem Abfall. Die Grenzen zwischen Abfall und Nicht-Abfall liegen allerdings nicht fest, so Thompson, sondern würden maßgeblich über den Faktor Zeit gesteuert werden. Ein Artikel kann demnach in einem zeitlosen Vakuum wabern, »wo er zu irgendeinem späteren Zeitpunkt [...] die Chance hat, entdeckt zu werden«, so der Sozialwissenschaftler.

Neo-Recycling haftet demnach nicht der Touch des Schäbigen, des zweitklassigen »Second-Hand«-Charakters an, sondern hebt die Bedeutung des individuellen Gewinns für den Einzelnen wieder in den Vordergrund. Ebay – zu den besten Zeiten ein Riesenflohmarkt unerfüllter Sehnsüchte des Käufers – hat für diese Trendentwicklung sicherlich einige Vorarbeit geleistet. Seit Ebay hat Gebrauchtes den Flohmarktcharakter verloren, und Gegenstände blühen in neuen Haushalten zu neuem Leben auf.

Rückblick

Von Retro zu Neo-Recycling

»In der modernen Welt existiert neben der Überfülle noch eine andere unerfüllte Sehnsucht: Heimat. Aber dies zeigt sich nicht nur im Comeback der Volksmusik (die etwas vollkommen Künstliches ist) oder in der Wiederentdeckung des Trachtenlodens. In der modernen Konsumwelt entwickelt sich als Gegengift gegen die Virtualisierung und permanente Mobilität ein Set von Zeichen, die das Alte an das Neue ankoppeln und in ihm wieder erscheinen lassen'.« (Konsument 2010, Zukunftsinstitut 2000)

Während es bei Retro vor allem um ein modernes Wiederbeleben von Historie und Geschichten ging, um ein nicht selten sentimentales Anknüpfen an die Vergangenheit, wird Neo-Recycling das Alte zu etwas völlig Neuem umfunktionieren. Selbst wenn das Urprodukt kaum verändert wird, geht es nur partiell um dessen Vergangenheit, sondern vielmehr um den uniken Charme und die Einzigartigkeit des Zeitzeugens. Während Retro immer wieder ganze Modephasen inspiriert hat, wie ein Revival der 50er, 60er, 70er oder zuletzt modisch der 80er, ist Neo-Recycling eher ein zeitloser Trend, der sich eben nicht an einer Ära oder Epoche orientiert, sondern das Produkt als solches in den Fokus stellt. Somit kann auch ein neuer Gegenstand zu einem Neo-Recycling-Objekt werden. Denn es zählen nicht die Sentimentalitäten des Gestern, sondern der Charme und Nutzen des Heute.

Wer sind die Neo-Recycler?

Wichtig für die gesamtgesellschaftliche Akzeptanz des Wieder-in-Wert-Setzen des alten Objekts ist dabei aber nicht von Beginn an der funktionale Einsatz oder Nutzen, sondern zunächst die Zugehörigkeit des Trendsetters. Gerade die Avantgarde der kreativen Klasse ebnet den Weg des Neo-Recyclings für den Mainstream. So sind es vor allem die Lebensstile der Inbetweens, der Latte-Macchiato-Familien und der Greyhopper, welche für Neo-Recycling zu begeistern sind. Aber auch die Netzwerkfamilien lassen sich alleine aus Slow-Budget-Gründen für diesen Trend begeistern. Diese Vorreiter geben mit ihren neo-bürgerlichen Werten quasi das Startsignal, ein okay. Und was einmal in dieser gesellschaftlich akzeptierten Avantgarde hip ist, weckt so schnell auch das Interesse bei den anderen Lebensstilen.

	Recycling	*Neo-Recycling*
Werte	*Gesamtgesellschaftlicher Nutzen*	*Persönlicher Vorteil*
Beweggrund	*Ressourcenschonung*	*Ewigkeitsgedanke*
Megatrends	*Neo-Ökologie*	*Individualität, Mobilität*
Ziel	*Ausdruck von Umweltbewusstsein*	*Ausdruck der Individualität*
Motivation	*Gutes Gewissen*	*Kosten, Hipness-Faktor*
Produkt	*Transformation des Ur-Produkts*	*Wieder-In-Wert-Setzen des Ur-Produkts*
Einsatz	*Produkt darf wegen des Nachhaltigkeitsgedankens mehr kosten*	*Kostenlos bis Kunst*
Aussage	*Ich kann und will mir das leisten*	*Ich besitze das nötige Szene-Know-How, um mir das leisten zu können*
Kundengruppe	*Alt-Ökos bis LOHAS*	*Kreative Klasse bis Sparfuchs*
Ergebnis	*Aus Abfall wird etwas Neues*	*Abfall wird wertvoll*

Quelle: Zukunftsinstitut 2010

Von Re-Made zum Wieder-in-Wert-Setzen des Ur-Produkts

Re-Made ist kein ganz neuer Trend. Seit geraumer Zeit schon werden Messengerbags aus gebrauchten LKW-Planen (www.freitag.ch), benutzten Werbeplakaten (www.hack-taschen.de) oder alten Luftmatratzen (www.airbagcraftworks.com) gemacht; werden abgelegte Pullover (www.teddylux.com) oder altmodische Handtücher (www.andreaslinzner.com) in Stofftiere verwandelt und Bettwäsche in Kleidung (www.ketchupundmajo.de). Neo-Recycling geht jedoch hier einen Schritt zurück und lässt die Produkte im Originalzustand.

Lost and Found – könnte das Projekt »Glove Love« von Green Thing auch heißen (www.dothegreenthing.com/shop). Gesammelt werden einzelne Handschuhe, die ihr Äquivalent verloren haben. Nach dem Ausbessern und dem Versehen mit einem Label werden die Einzelstücke mit einem gleichgroßen Pendant vereint und für fünf britische Pfund (plus Mehrwertsteuer und Versand) wieder verkauft. Die neuen Paare sind bunt und wahre Einzelstücke. Allerdings muss sich der Kunde überraschen lassen. Gewählt werden kann im Shop nur, ob Kind, Frau oder Mann, klein, mittel oder groß.

Was für den einen Abfall ist, kann also für den anderen von Wert sein. So funktioniert auch das immer größer werdende Netz an »Freecyclern« (www.freecycle.org). Von der Blumenpflanze über Kinderkleidung bis zur Einbauküche werden gebrauchte Gegenstände kostenlos für Selbstabholer im Internet angeboten. Die Communities funktionieren regional, so gibt es in Deutschland 75 lokale Freecycle-Gruppen. Gesuche und Gebote werden aber von Australien bis Zypern in bereits über 100 Ländern geschaltet.

So wie sich bei Freecycle meist alte und neue Nutzer kennenlernen, so versucht auch der japanische Secondhand-Shop »Pass the Batton« (www.pass-the-baton.com) eine Verbindung zwischen Erst- und Zweitbesitzer zu schaffen. Alle Artikel in dem kleinen Laden in Tokios Geschäftsviertel Marunouchi werden mit Photo und Kurz-Biographie des Vorbesitzers, der hier als »Aussteller« fungiert, angeboten. Interessenten können bereits im Internet nicht nur nach Wunschobjekt, sondern auch nach Wunschverkäufer auswählen.

Neo-Recycling kennt keine Grenzen vor Design und Kunst

Ausstellungen über die Stadthistorie und -entwicklung in Museen sind keine Seltenheit, die städtische Geschichte mit Hilfe ausrangierter oder abgerissener Objekte abzubilden, ist jedoch wohl ein Unikum. Das eigenwillige Museum in St. Louis, Missouri (www.citymuseum.org) wurde vom örtlichen Bildhauer Bob Cassilly und einem Team aus 20 Kunsthandwerkern in einer ehemaligen Schuhfabrik geschaffen. Bereits mit dessen Wiederverwertung inklusive einiger Maschinen beginnt der Aspekt des Neo-Recyclings. Ausgestellt und recycelt wurden lauter Stücke, die einst St. Louis ausmachten: alte Kamine, abgerissene Brücken, Kräne und sogar zwei Flugzeuge. Das Museum selber erinnert an einen surrealen Rummel oder einen skurrilen Kunstfreizeitpark.

Für Patricia Urquiola muss »Design einen Mehrwert« bieten. Im Fall der Chaiselounge »Tropicalia« hat die jüngst zur wichtigsten Designerin des Jahrzehnts gekürte gebürtige Spanierin ein »altes« Möbelmodell von Moroso genommen, Antibodi, und durch bunte Stränge zu einem neuen Objekt recycelt.

Auch der koreanische Designer Jung Yae Jup (http://jaeyup.com) baute im Rahmen des Projekts »Found Object« aus drei alten Stühlen einen neuen. Er distanziert sich klar vom klassischen Recycling-Begriff: »I thought that it is not recycling, but a revival because it made a totally new impression by this chair that can't be found by origin one.«

Neo-Recycling überflüssiger Teile: Voice Systems baut Computer für sehbehinderte Menschen und benötigt die Tastaturen nicht. Aus diesem »Abfallprodukt« wiederum neo-recycelt der Designer Dante Bonucelli schicke Stühle mit passendem Namen Texte-ile.

Konsequenzen für die Neuwaren-Märkte

Neo-Recycling hat auch Auswirkungen auf die Neuwaren-Märkte. Zum einen im Hinblick auf eine neue Langlebigkeit von Produkten. So entscheiden sich mehr und mehr Produktdesigner und Hersteller in Optik wie auch Material für Haltbarkeit und eine Mehr-Generationen-Qualität. »Heute in und morgen out« wird sich mittelfristig auf den Märkten nicht halten. Was zunächst als Kopfstandmentalität angesehen werden kann (den Unternehmen geht es ja primär um Gewinnmaximierung und Absatz), löst sich beim näheren Blick als cleverer Schachzug auf, um in den gesättigten Märkten, in denen Immaterialität eine neue Bedeutung hat, neue Kunden zu gewinnen.

Brikolör (www.brikolor.com) sind schwedische Möbelproduzenten aus Göteborg, deren Anspruch es ist, Möbel mit emotionaler wie qualitativer Haltbarkeit von mindestens 300 Jahren herzustellen. Das Dilemma der vier Designer besteht darin, dass sie zum einen neue Dinge erschaffen wollen, gleichzeitig aber auf eine Welt voll von Produkten stoßen. Der Kompromiss, mit dem Brikolör dem Neo-Recycling-Trend begegnet ist daher die lebenslange Garantie.

Umgekehrt geht der Künstler Kyle Bean (www.kylebean.co.uk/portfolio) die Sache an. Er übt leise Kritik an den Neuwaren-Märkten und nimmt die Unterhaltungselektronik aufs Korn, die mittlerweile so billig geworden ist, dass sich Reparaturen weder für Firmen noch für Kunden lohnen. Stattdessen wird neu gekauft, und zurück bleibt Elektroschrott. Kyle Bean greift diese Mentalität mit seiner Serie »Disposable Technology« auf: Unterhaltungselektronik aus Pappe, fertig zum Wegschmeißen. Der Designer Je Sung Park geht mit seinen »Disposable Paper Laptops« noch einen Schritt weiter und äußert sich nicht nur kritisch zum Wegwerfkonsum, sondern hat gleich die Idee in die Tat umgesetzt und recyclebare Notebooks aus Pappe erfunden.

Schon von vorneherein hat Ikea einen gewissen Szene-Status. Entweder liebt man die Möbel aus dem blau-gelben Erlebniseinkaufsparadies oder man lehnt das schwedische Möbelhaus komplett ab. Für Liebhaber gibt es zunehmend Marktplätze, die explizit und ausschließlich gebrauchte Billys & Co. wiederverkaufen. In Deutschland verändert zum Beispiel Wikinea (www.wikinea.de), in den USA Ikea Nation (www.ikeanation.com) den Second Hand-Markt. Zielgruppe sind hier natürlich neben den eingefleischten Ikea-Fans, die vielleicht auf längst nicht mehr im Sortiment gelistete Objekte aus sind, auch die Slow-Budget-Friends, denen es um die moderne Schnäppchenjagd geht.

Die wichtigste Herausforderung für die Neuwaren-Märkte bleibt, den Neo-Recycling-Trend langfristig erfolgreich ins Business zu integrieren. Dabei bleibt die Frage offen, warum Ikea nicht selbst das Second-Hand-Business in die Hand nimmt und neben Markthalle, Neuwaren und Ikea-Shop nicht auch einen Gebrauchtmarkt anbietet – zum Beispiel mit nicht mehr erhältlichen Ikea-Stücken. Ähnlich funktioniert ja bereits Amazon, wo jeder gebrauchte Waren neben den Neuwaren anbieten kann – ganz egal ob noch erhältlich oder vergriffen. Interessant wäre dies aber gerade auch für die Märkte, auf denen eine hohe Fluktuation herrscht, wie beispielsweise bei Tech-Gadgets und Elektronikgeräten. Elektronik-Hersteller könnten die Herausforderung des Neo-Recycling als Chance für eine Strategie zur Neukundengewinnung sehen, und nebenbei jede Menge Elektroschrott vermeiden.

Prognose 2020

Verschiedene Entwicklungen begünstigen künftig Neo-Recycling. Zum einen werden in der Werte-Gesellschaft Objekte nicht mehr unter dem Aspekt des Luxus oder Status betrachtet, sondern werden primär wegen des persönlichen Wertes des Gegenstandes geschätzt. Zum anderen hat der Megatrend Neo-Ökologie im Bewusstsein der Bevölkerung den Gedanken hinterlassen, dass Öko schick und trendy sein kann, und damit bekommt auch das Wiederverwerten eine neue Chance. Und zu guter Letzt ist auch eine durch die Finanzkrise begünstigte neue Sensibilität fürs Sparen zu beobachten. Konsumenten geben Geld aus, aber überlegter und bewusster. Diese Veränderungen und der Faktor der Problemlösungsorientiertheit der stetig wachsenden kreativen Klasse bedingen, dass Neo-Recycling künftig mehr denn je für Konsumenten interessant werden wird.

How-To …

Wieso, weshalb, warum? Ich möchte wissen, wie die Dinge um mich herum funktionieren!

Das neue Bedürfnis nach Anleitung und tieferem Produktverständnis

Wir wollen es einfach wissen! Ob zur Primetime »Frag doch mal die Maus« oder die fast tägliche Dosis »Galileo« – der Megatrend Bildung ist von Öffentlich-Rechtlich bis Privatsender längst ein fester Bestandteil der Mainstream-Medien. Die »Wieso, weshalb, warum«-Neugierde der Menschen ist nicht mehr nur auf die Kinder- und Jugendjahre beschränkt. Gerade in einem Zeitalter, in dem der tägliche Fortschritt von Wissenschaft, Forschung und auch noch Technik quasi nicht mehr gemessen, geschweige denn überschaut werden kann, wird Bildungskompetenz zum Schlüsselwort des neuen Jahrhunderts.

Wir befinden uns im Übergang zur Wissensgesellschaft, eine Entwicklung, die ein Umdenken in der Definition von Können, Weltwissen, Know-How erfordert. Bildung und Wissen werden Schlüsselressourcen für wirtschaftlichen und sozialen Fortschritt. Fortschritt und Produktivität ganzer Volkswirtschaften werden künftig immer stärker vom Humankapital und von der Innovationsfähigkeit abhängig werden. Für den Einzelnen bedeutet Bildung einen nie endenden Prozess: Lebenslanges Lernen statt Aus-Bildung. Und das nicht nur bezüglich der Karriere oder des Berufsweges. Gerade im Bereich Bildung vermischen sich zunehmend die Sphären Beruf und Freizeit. Bildung wird mehr und mehr zu einem unerlässlichen Tool der Selbstreflexion und damit auch der Kritik- und Problemlösungsfähigkeit. Und Wissen wird zu einem unentbehrlichen Gemeinschaftskriterium, zur sozialen Waffe, über die es möglich ist, sich zum einen von anderen abzugrenzen, aber auch sich mit Gleichgesinnten zu solidarisieren.

Rückblick

Von Mass-Customizing zum How-To-Trend

»Erstens setzt »Mass-Customizing« ein hohes Maß an Selbstgestaltungswillen voraus, schließlich haben Dinge von der Stange den entscheidenden Vorteil, dass man sich nicht weiter mit ihnen auseinandersetzen muss.« Es kann nur in reifen Konsumgesellschaften entstehen, in denen Individualisierungstendenzen zum »Mainstream« geworden sind. Die Konsumenten müssen in der Lage sein, sich ihrer Wünsche und Vorstellungen gewahr zu werden und diese auch zu formulieren. Sie müssen über einen hohen Grad an Konsumkompetenz verfügen.« (Konsument 2010, Zukunftsinstitut 2000)

Ob Do-it-Yourself, Pimp-my oder Mass-Customization – die Mitmach-Märkte, auf denen die Grenze zwischen Konsumenten und Produzenten (Prosument) fließend werden, zeigen, wie groß das Interesse der Verbraucher an Partizipation ist. Längst geben sie sich nicht mehr mit dem Endprodukt zufrieden. Und auch geht es ihnen nicht mehr nur um die Individualisierung des Produkts, also um seine Außenwirkung, sondern vor allem um die Optimierung seines Nutzens. So wächst der Wunsch der Kunden, dem Artikel oder der Dienstleistung einen persönlichen Mehrwert abzugewinnen. Sie möchten das Beste aus dem Produkt herausholen und dafür müssen sie mit ihm vertraut sein, wollen alles wissen und en detail verstehen. Hier müssen künftig die Produzenten ansetzen und ihr Wissen teilen. Somit kann How-To das Prosuming auf eine neue Ebene heben, wenn Produzenten und Hersteller ihr Wissen teilen und Kunden zu gleichwertigen Experten ausbilden.

How-To: Ein Trend ohne Rücksicht auf Geschlecht, Alter und Herkunft

Erfolg, Karriere und Macht sind nicht mehr im männlichen Arbeitssektor verankert, sondern werden zunehmend von einer neuen Interpretation ersetzt. Erfolg hat künftig derjenige, der interdisziplinär denkt. Karriere macht derjenige, der sich kreativ Problemen stellt. Und Macht wird künftig nicht der Einzelne, sondern die Schwarmintelligenz besitzen.

Der Intelligenzforscher Howard Gardner hat in seinem Buch »Five Minds for the Future« fünf neue Wissens- resp. Denk-Ansätze formuliert:

» *1. The disciplinary mind – mastery of major school and thoughts (including science, mathematics, and history) and of at least one professional craft.*

2. The synthesizing mind – ability to integrate ideas from different disciplines or spheres into a coherent whole and to communicate that integration to others.

3. The creating mind – capacity to uncover and clarify new problems, questions, and phenomena.

4. The respectful mind – awareness of and appreciation for differences among human beings.

5. The ethical mind – fulfillment of one's responsibilities as a worker and a citizen. «

Vor allem die Frauen haben in den letzten Jahren in Sachen Bildung stark aufgeholt. Mädchen haben Jungens längst in der Schule abgehängt und machen häufiger Abitur als ihre männlichen Altersgenossen. Dennoch ist der How-To-Trend kein Frauentrend, denn außer dem was Howard Garner »The disciplinary mind« nennt, sind es gerade die vier anderen Punkte, welche künftig stärker ins Gewicht fallen und die von beiden Geschlechtern gefüllt werden wollen. Und dadurch, dass Lernen eben heutzutage nicht mehr mit der Schul- oder Berufsausbildung abgeschlossen ist, ist der How-To-Trend auch an keine besondere biographische Episode gekoppelt, sondern für die CommuniTeens ebenso interessant wie für die Greyhopper (siehe Kapitel »Kurzdefinitionen Lebensstile 2020«).

Informationshunger und Neugierde zählen zu den treibenden Produktivkräften der Gesellschaft des 21. Jahrhunderts

Es geht künftig also nicht nur um möglichst viel Wissen, sondern vor allem um den richtigen Umgang mit dem Erlernten, Gelesenen, Gehörten. Und nicht zuletzt geht es um den Zugang zu Wissen. Mit dem Wegfall der klassischen Zielgruppen und somit auch der Bedeutung von Herkunft wird es künftig leichter, an Bildung »heranzukommen«. Insbesondere auch durch die stärkere Verankerung des lebenslangen Lernens. In den ersten 20 Lebensjahren wird künftig nicht mehr so schnell entschieden, ob jemand »Erfolg« hat oder nicht. Informationshunger und Neugierde zählen zu den treibenden Produktivkräften der Gesellschaft des 21. Jahrhunderts. Und zu den Schlüsselqualifikationen jedes Einzelnen im Beruf wie im Privatleben. Nicht zuletzt deshalb gehört Bildungssupport zu den wichtigsten Dienstleistungen von morgen.

Kunden wollen ausgewählten Produkten und Dienstleistungen in Zukunft mit einem tieferen Verständnis gegenübertreten können. Sie möchten im Überfluss zu Experten ihrer Leidenschaft, ihrer Nische werden, um nicht zuletzt auch wieder eine bodenständige Ebene im Konsum- und Genussmoment zu bekommen. Verbraucher möchten zumindest die Basics wieder verstehen lernen und hungern daher künftig mehr denn je nach Wissen! Sie möchten erfahren, wie etwas funktioniert, wie sie etwas selber machen können. Oder wie sie sich auch nur die Fakten aneignen können, um diese weiterzugeben. Denn das »Wissen um« und »Gewusst wie« werden zu Statussymbolen von morgen. Nicht teure Marken-Luxus-Produkte, mit denen imponiert werden kann, stehen im Fokus des Konsuminteresses, sondern Experten-Wissen um Nischenprodukte, längst vergessene Handwerkszünfte oder um Anstand, Benimm und Schick. Solche Produkte haben künftig Konjunktur, die einen Mehrwert besitzen, der fernab von Begriffen wie Wohlstand, Mangelbeseitigung oder Versorgung rangiert.

Pointiert findet sich der How-To-Trend im Buch »So geht das!« wieder. Wie pflanze ich eine Blume um, wie wickle ich ein Baby, wie öffne ich eine Bierflasche mit einer zweiten Bierflasche oder auch wie Michael Jacksons legendärer Moonwalk funktioniert – in dem Bilderbuch mit 500 verschiedenen Anleitungen für Erwachsene kann der Verbraucher alle erdenklichen Tricks und Kunststücke des Alltags lernen.

Beratungsdienstleistungen werden künftig um How-To-Services ergänzt

In den letzten Jahren hat sich im Sektor der persönlichen Beratungsdienstleistungen ein riesiges Angebot an Therapeuten, Lebens- und Partnerschaftsberatern, Food- wie Health-Consultants, philosophischen Praxen oder nicht zuletzt Personal Trainern entwickelt. Durch die ständige Reizüberflutung, die notwendige Flexibilität und den ewigen Mangel an »Zeit« hungern Konsumenten nach Antworten und Support wie selten zuvor. Die Zeit zum Selbsterarbeiten fehlt zunehmend. Aber der Wunsch nach Unterstützung betrifft nicht nur immaterielle Dinge wie die Lebensführung, sondern vermehrt steigt die Sehnsucht nach genereller Effizienzsteigerung im Umgang mit materiellen Gütern. Insbesondere wächst der Anspruch an Beratung durch Hersteller oder Retailer. Federführend bei dieser Entwicklung war sicherlich der Nestlé-Konzern mit der Initialisierung seiner Maggi-Kochstudios. Verbraucher wünschen sich Support im Umgang mit Produkten, um diese kompetent und effizient einzusetzen. Und für die Marken ist diese Entwicklung ein exzellentes Kundenbindungstool. Diese Konzepte funktionieren vor allem dann, wenn nicht nur in die Produkte eingeführt, sondern zusätzliches Wissen darüber hinaus vermittelt wird.

Der Londoner Traditions-Barbier Trumper (www.trumpers.com) nahm das zum Anlass, Rasier-Kurse anzubieten, in denen die besten Rasurtechniken vermittelt und dem Hauttyp entsprechende Tipps gegeben werden. Zwischen zwei verschiedenen Seminaren können die Männer wählen: Die Mach 3 Shaving School für 50 britische Pfund oder die 90-minütige Open Razor Shaving School für 75 Pfund.

Von Leica-Akademie (de.leica-camera.com/service/leica_academy) bis Nikon-School (www.nikon.de) – auch die Technikanbieter setzen zunehmend darauf, die Grundlagen den Kunden selbst zu vermitteln.

Das alles funktioniert auch perfekt als E-Learning, wie am Beispiel Sony 101 (www.sony101.com) zu sehen ist. Vier verschiedene Bereiche werden dabei berücksichtigt: Personal Computing, Home Entertainment, Digitalfotografie sowie Business-Lösungen für Kleinunternehmer. Vier bis fünf Kurse werden monatlich in den einzelnen Feldern an der Digitaluniversität angeboten, in denen jeweils ein Schwerpunkt von einem Experten behandelt und erklärt wird.

Die Bike-Mania ist in allen Industriestaaten stark auf dem Vormarsch. In Brooklyn können Kunden jetzt nicht nur lernen, wie man das Rad repariert, sondern gleich wie man es baut. In den Wochenend-Workshops wird per Hand ein customized Fahrrad aus Bambus konstruiert. Neben dem Vorteil, dass das Fahrrad der individuellen Körpergröße angepasst wird, lernt der Kunde dadurch, dass er jeden Arbeitsschritt von Rahmenbau bis Bremsbefestigung selbst vornimmt, wie das Fahrrad funktioniert, und kann somit auch in Zukunft das Rad leicht reparieren und pimpen. Auch die Kosten halten sich im Rahmen: 932 US-Dollar für einen kompletten Fahrradbau-Workshop, wer die Komponenten wie Pedale oder Schaltung mitbringt, zahlt nur 632 US-Dollar.

Learning by doing

Natürlich stößt der How-To-Trend gerade bei Eltern auf großes Interesse. Umgangsformen und Bildung als Skills für ein erfolgreiches Leben der Kleinen werden zunehmend unverzichtbar. Die Eltern – entweder selbst mit der einen oder anderen Entwicklung überfordert oder aufgrund von Zeitmangel nicht in der Lage – greifen daher gerne auf Hilfsangebote zurück, welche ihnen Support beim Unterrichten des Nachwuchses geben.

In Japan hat FunFam (www.funfam.jp) ein 100 Prozent recyclefähiges Tischset aus Bambus kreiert, das den Kindern die Basics der Tischmanieren beibringt. In der Mitte ein Teller und rechts und links das notwendige Besteck, jeweils mit kleinen Symbolen versehen, welches Messer, welche Gabel oder welcher Löffel für welches Gericht resp. welchen Gang benutzt werden sollte. Natürlich gibt es das Set auch für japanische Tischgewohnheiten, sprich mit Stäbchen oder auch als Lunch-Box. Nicht nur eine schöne Hilfe für die Eltern, sondern zudem sehr ansprechend gestaltet. Wäre da nicht der Preis von umgerechnet 150 Euro. Allerdings werden die Table Sets auch von einer traditionsreichen, seit 64 Jahren existierenden Möbelfabrik in Tokio hergestellt.

Mercedes Benz hat in Großbritannien eine Fahrschule für Kids und Teens ins Leben gerufen – ganz ohne Simulatoren und Mini-Autos. Wer mindestens zehn Jahre alt ist und über 1,50 Meter groß, kann in der »Mercedes-Benz Driving Academy« (www.mbdrivingacademy.com) erste Fahrpraxis erhalten. Für 40 Pfund werden den zehn- bis 14-Jährigen die Basics in einem halbstündigen Kurs in der A-Klasse erklärt, wer zwischen 15 und 17 ist, bekommt für 74 Pfund in der »Pre-Road-Session« schon weitergehende Informationen, etwa wie man in Gefahrensituationen reagiert. Vor allem an Eltern richtet sich ein 3-stündiges Angebot des Autoherstellers, in dem Müttern und Vätern Tipps und Tricks vermittelt werden, wie sie am besten ihren Kindern das Autofahren beibringen.

How to be a...

Einmal im Leben in eine andere Rolle schlüpfen, für eine kurze Zeit ausprobieren, wie es wäre, einen anderen Beruf, ein anderes Leben zu haben – vielleicht sogar ein anderes Geschlecht. Auch das gehört zum neuen Wissensbedürfnis und zur modernen Wissensvermittlung, lernt das Individuum dadurch auch seine Fähigkeit zur Empathie zu schulen und Respekt und Toleranz gegenüber Mitmenschen zu entwickeln. Aus diesen neuen Wissensbedürfnissen spricht aber auch nicht zuletzt die Begeisterungsfähigkeit und Entdeckerneugierde des Kindes im Erwachsenen.

How to be a... Paläontologe: Muji Japan bietet ein Ausgrabungs-Kit an, mit dem »Dinosaurier«-Knochen ans Tageslicht befördert werden können. Während zu Beginn das Set nur aus Sand und Stein besteht, kommt nach rund zwei Stunden Arbeit ein – wenn auch unechtes – Skelett zu Tage.

How to be a... Chocolatier: Nicht nur wie man Bier braut, wird dem Konsumenten etwa bei Mydays vermittelt, sondern mit dem Mayan Magic Chocolate-Making Kit (www.thechocolution.com) ist es – zumindest derzeit für britische Konsumenten – möglich, selber Schokolade herzustellen. Für umgerechnet 17 Euro erhält der Verbraucher eine kleine Schokoladenfabrik und kann sich mit den reinen Bio-Rohstoffen wie Kakaobutter, Kakaopulver oder Agavendicksaft seine eigenen 154 Gramm schweren Tafeln herstellen.

How to be a... Pancakemaker: Slappy Cakes ermöglicht seinen Gästen, ihre eigenen Pancakes direkt am Platz selbst zu backen. Das Café-Restaurant, das auf Frühstück und Lunch spezialisiert ist, hat in die Tische eine Backfläche integriert. Die Pancake-Cooks können zwischen verschiedenen Pfannkuchenteigen wählen, zum Beispiel mit Buttermilch, Kürbis, vegan oder auch glutenfrei. Nüsse, Beeren, Schokoladenraspel oder Bio-Ahornsirup stehen zusätzlich zum individuellen Einsatz zur Verfügung. Slappy Cakes selbst setzt auf Homemade. So werden Kräuter, Gemüse und Beerenfrüchte im eigenen Garten angebaut und andere Produkte möglichst in Bio-Qualität oder aus der Region gekauft.

How to be a... Boss: Schüler haben im Rahmen der Kampagne »Chef für ein Tag« (www.focus.de/finanzen/money-magazin/chef1tag) die Möglichkeit, einmal Führungsetagenluft zu schnuppern. Zehn Vorstände von Versicherungen über Handels- und Touristikkonzernen bis Banken überlassen für einen Tag einer Nachwuchskraft die Leitung des Konzerns. Gecastet werden die zehn Pennäler mit Elementen des Human Asset Managements, die normalerweise nur Führungskräften vorbehalten sind. Besonderer Wert wird auf Soft Skills wie Kreativität, Flexibilität, Team- und Durchsetzungsfähigkeit gelegt.

Prognose 2020

Hersteller und Retailer dürfen in Zukunft nicht länger nur reine Produzenten und Verkäufer sein, sondern müssen zusätzlich als Botschafter, Informanten und Berater fungieren. Die Hauptaufgabe – neben dem Kerngeschäft des Produzierens und Verkaufens – wird sein, dem Kunden ein Extra in Form von Mehrwissen mit auf den Weg zu geben. Denn die Konsumenten von morgen wollen Hintergrundwissen über das Produkt erhalten. Sie kaufen nicht länger nur den Artikel, sondern wollen Anleitung und Informationen. Verbraucher möchten nicht länger Laien sein, sondern zu semiprofessionellen Experten werden. Hersteller und Retailer müssen ihre Kunden daher an ihrem Know-how teilhaben lassen. Dies kann in Form von Online- wie Offline-Kursen, Seminaren, exquisiten Clubs, Akademien oder auch durch hilfreiches Zusatzmaterial stattfinden. Wichtig ist stets, dem Kunden das Gefühl zu vermitteln, zu einer auserlesenen, wissenden Gruppe zu gehören.

Multi-Tool-Design

Design muss mehr als nur schön sein. Die Multifunktionen bestimmen künftig die Form!

»Architektur gewinnt an Bedeutung in der Freizeitwirtschaft und entwickelt sich immer stärker zu einem eigenständigen Reisemotiv«, so Martin Zeil, Wirtschaftminister von Bayern zu AHGZ (11/2009)

»Wir haben uns in der Vergangenheit zu sehr auf die technischen Grundlagen konzentriert, statt das Design unserer Handys zu optimieren«, so der Nokia Vertriebs- und Marketingvorstand Anssi Vanjoki gegenüber dem »Handelsblatt« (11/2009).

Durchdachtes Design der Zukunft kann mehr als nur schön aussehen oder ein Bedürfnis zufriedenstellen

Design, Stil, Ästhetik und Schöngeist gewinnen bei den Konsumenten immer mehr an Bedeutung. Egal ob in der Freizeitwirtschaft – wie im Hotel- und Restaurantgewerbe – oder bei Gadgets – wie es der Erfolg von Apple zeigt. Kunden fordern Stil und Ästhetik, und wer heute noch erfolgreich etwas verkaufen möchte, kommt am Faktor Design nicht vorbei. Design ist Mainstream und eine Selbstverständlichkeit geworden. So lässt sich zum Beispiel auch ein erheblicher Anstieg der eingesendeten Beiträge zum »red dot award« beobachten. Waren es 2007 noch 3.880 Einsendungen im Bereich Kommunikationsdesign, gab es 2009 bereits über 6.100 Beiträge aus insgesamt 42 Nationen. Auch im Bereich Produktdesign stieg die Zahl der eingereichten Arbeiten von rund 2.500 (2007) auf über 3.100 in 2009. Aber künftig können Konsumenten nicht alleine mit einem optisch gelungenen Äußeren überzeugt werden. Was künftig zählt, ist verstärkt wieder die Funktionalität, ohne dass dabei die Gestaltung vernachlässigt werden darf. Verbraucher von morgen wünschen sich Produkte, die mehr können als nur schön auszusehen und nur einen Zweck zu erfüllen. Weder Form noch Funktion sind alles, was in Zukunft an Bedeutung gewinnt, es ist eine neue Herangehensweise an die Unverwechselbarkeit eines Objekts: deren Multifunktionalität.

Funktionalismus 2.0: Praktisch, haltbar, günstig und schön

Während das Jahr 2000 von Minimalismus und schlichten Formen geprägt war und Flexibilität allenfalls in klappbaren Liegesofas à la Francesco Binfarés' Flap mündete, lässt sich zehn Jahre später mit der größenvariablen Tropico-Lampe schon eine neue Stufe hin zum Funktionalismus 2.0 erkennen. Praktisch, haltbar, günstig und schön – so kann man den grundsätzlichen Anspruch der Funktionalismus-Pioniere der Bauhaus-Ära zusammenfassen. Wenn wir vom Funktionalismus 2.0 sprechen, muss das Postulat noch um die Flexibilität ergänzt werden. Auch gibt es nicht mehr ein »richtig« oder »falsch«, das häufig dem autoritären Anspruch des Funktionalismus anhaftete.

Denn Hintergrund für dieses neue Bedürfnis nach Multifunktionalität ist zum einen die fortschreitende Ästhetisierung der Gesellschaft, aber auch der Megatrend Mobilität, der eine erhöhte Flexibilität im gesamten Lebensstil erfordert. Nicht zuletzt ist es zudem der steigende Wunsch nach Individualisierung, der zu Querschnittsbranchen, Cross-Marken und Multi-Tool-Produkten führt. Und so wie es nicht länger klar ist, ob das Geschäft nun ein Friseur, ein Café oder doch eine Modeboutique ist (www.liebesdienste-am-main.de), so wird es künftig nicht länger eindeutig sein, ob es ein Produkt ein gut designtes Gadget oder hilfreiches Tool ist oder ob es ist um einen Stuhl oder eine Lampe handelt und ob es heute als dieses oder jenes oder beides seinen Zweck erfüllen wird.

Rückblick

Von Lessness zu Multi-Tool-Design

»Vor nicht langer Zeit wäre uns nie der Gedanke gekommen, dass man für »Nichts» Geld bezahlt.« (...) »Nach diesem »Pur«-Prinzip funktioniert heute eine gigantische Familie von Produkten im oberen Preisbereich. In der Kosmetik Salben und Wässerchen mit spirituellen Verpackungen und natürlichen Inhalten. Im Möbelbereich Dinge, die wie schlichte Pappkartons aussehen, aber von berühmten Designern gezeichnet sind. In der Mode kleine Nothings für 800 Mark, bei denen unsere Omas pures Unverständnis angemeldet hätten – »Das ist doch nur ein Unterhemd – für 200 Mark?«. Im Interior Design Wohnungen, Hotelräume, die an Zen-Kloster erinnern.« (Konsument 2010, Zukunftsinstitut 2000)

»Weniger ist mehr« manifestiert sich seit gewisser Zeit im Denken der Konsumenten. Im Zuge des Neuen Luxus-Gedankens werden lieber weniger Stücke gekauft, dafür mit Designertouch. Gerade ist der Mode-, beim Wohn- und Küchenmobiliar wurde dieser Trend deutlich, und zahlreiche Anbieter, die vom Massenabsatz leben, von Tchibo bis H&M, haben sich daraufhin namhafte Designer wie Michalsky oder Lagerfeld an Bord geholt. Genügte bisher ein bekannter Name samt schickem Design, ist die Ästhetisierung der Gesellschaft mittlerweile soweit vorangeschritten, dass künftig die Produkte mehr können müssen, als schön auszusehen. Verbraucher fordern eine neue Zweckmäßigkeit ein, welche sich nicht auf die Gestaltung auswirken darf.

Multi-Tool-Design als Konsequenz aus den multigraphischen Lebensmodellen

Prinzipiell gibt es kaum eine Lebensstilgruppe, die nicht vom Faktor Design beeinflusst wird. Inbetweens nutzen zunehmend die Möglichkeit »leihen statt kaufen«, um an gefragte Style-Stücke heranzukommen, oder setzen auf wenige Design-Klassiker, die sie mit Ikea oder Flohmarkt mischen. Young Globalists lassen sich prinzipiell über das Design ködern und nicht über den Preis. Auch Latte-Macchiato-Familien legen von vorneherein viel Wert auf Qualität und Design – selbst wenn sie dafür an anderen Stellen sparen. Die Super-Daddys haben stark zur durchgestylten Maskulinisierung des Haushalts beigetragen. Die Tiger Ladys haben ein Auge für zeitloses Design, das Eindruck macht. Und nicht zuletzt die Super-Grannys legen viel Wert auf Äußeres und Ästhetik. Diese Avantgardisten haben den Weg in den Mainstream geebnet und werden künftig nach Objekten mit Multifunktionalität Ausschau halten. Speziell in dem Moment, wenn sich in den Köpfen der Verbraucher die Tatsache der diversen multibiographischen Aufbrüche, die das Leben im 21. Jahrhundert bietet, als Realität und Chance manifestiert hat, wird das Bedürfnis nach Multi-Tool-Design ansteigen. Somit wird dieser Produktdesign-Trend keine Entwicklung sein, die ausschließlich die Lebensstile betrifft, die sich gerade im Um- oder Aufbruch befinden, sondern sich – durch das generelle Verständnis des steten Lebenswandels – durch alle Lebensstile und Kundengruppen hindurch ziehen (siehe Kapitel »Kurzdefinitionen Lebensstile 2020«).

Mobiler Lifestyle und der steigende Personalisierungsbedarf erfordern Multi-Tool-Design-Lösungen im Wohn- und Arbeitsbereich

Diese neuen Bedürfnisse nach modularen Lebenskonzepten beeinflussen immer stärker die Wohn-Branche. Die ehemals statischen Märkte der Architektur und Innenarchitektur werden nach und nach durch den wachsenden Wunsch nach flexiblen und individuellen Lösungen erobert. Multi heißt aber nicht nur, dass Möbel und Dinge über mehrere Funktionen verfügen, sondern dass sie auch an unterschiedlichen Orten einsetzbar sind. Etwa draußen und drinnen. So wird es künftig nicht länger reine Garten- oder Wohnmöbel geben, sondern flexibel einsetzbare Objekte. So wie die Liege Riva von Conmoto, die drinnen schick und draußen wetterfest eine bequeme Sitz-Liege-Position ermöglicht.

Aïssa Logerot (www.aissalogerot.com) setzt den Multi-Tool-Trend in ihrem Möbelentwurf »Extensions« perfekt um. Die Möbelteile sind so individuell einsetzbar, wie es die persönlichen Bedürfnisse des Nutzers erfordern. Ob Bank, Tisch oder Regal – mit den qualitativ hochwertigen und haltbaren Holzteilen lassen sich ohne jegliches Werkzeug alle erdenklichen Wohnmöbel schnell konstruieren.

Eine ähnliche Idee hatte auch Jung Jae Yup (www.jaeyup.com) mit seinem System »Zen«, wobei er hiermit vor allem das multifunktionale Mitwachsen im Fokus hat. Wie bei dem Spiel »Jenga« lassen sich die Möbelteile ganz individuell hoch stapeln oder auch als Bank für Kleinkinder oder als Stuhl für Heranwachsende nutzen.

Die Produkte der Designer von 45KILO (www.45kilo.com) knüpfen nicht nur an die Tradition der Bauhaus-Schule an, sondern sind multifunktional per excellence. Der Dosentisch ist ein geräumiger Arbeitsplatz, an dem durch clevere Tischbeinlösungen bis zu vier Personen Platz und Beinfreiheit haben. Das Besondere ist jedoch die überdimensionale Mehrfachsteckdose an der Tischkante. Nur ein Kabel wird benötigt um alle elektronischen Geräte zu versorgen, die der moderne Informationsarbeiter heute so braucht. Auch der Stecktisch ist mehr als nur eine Tafel, an der bis zu acht Personen Platz finden: Er kann zusätzlich als Sideboard verwendet werden. Außerdem existiert eine zweite Oberfläche unter dem Tisch, die ausreichend Platz für Geschirr, Papier oder sonstige Utensilien bietet.

Ob Schaukelstuhl oder Lampe ist beim Murakami Chair von HFG-Absolvent Rochus Jacob nicht ganz eindeutig. Über die Schaukelbewegungen wird Energie erzeugt, welche den an der Lehne befestigten Lampenschirm zum Leuchten bringt. Eine klassische Glühbirne gibt es nicht, stattdessen setzt der Designer auf OLEDs, organische LEDs. Durch ein Akku-Pack kann das Ganze auch zeitverzögert stattfinden: tagsüber schaukeln und abends die Lampe nutzen.

In dem beige-blauen Objekt »Vessel« verstecken sich gleich drei nützliche Produkte: Aus einer trendy Umhängetasche wird eine Jacke, aus der stylishen Jacke ein Einmannzelt. Die Jacke kann von beiden Seiten getragen werden, und in jeder Funktion macht Vessel immer eine gute Figur. Entworfen wurde das Multitalent vom US-Industriedesigner Justin Gargasz, der noch andere praktische Multi-Tool-Ideen in petto hat, wie einen transportablen Sessel.

Grundriss 4.0: Variable Räume und Wände prägen die Wohnstile der Zukunft

Und Multi heißt auch, dass Räume und Wände nicht mehr fix sind, sondern variabel neu gestaltet werden können. Zimmer werden so zu individuell gestalt- und verwandelbaren Räumen. Nicht länger die Bewohner müssen sich dem Zweck der Wohnobjekte anpassen, sondern umgekehrt die Möbel und Räume den ureigenen Bedürfnissen der Verbraucher.

So wie im Haus L im Doktorgäßchen in Augsburg, das 2008 die schwäbische Architekturauszeichnung Thomas-Wechs-Preis unter anderem dafür bekam, weil dessen »Mauern« sich schieben, öffnen, falten lassen.

Im Bereich der Wohnraumgestaltung ist sicherlich das Loft die Ur-Form des modularen Wohnens. Und so hat auch das Architekturbüro Graft (www.graftlab.com) in seiner Arbeit »Unfolded Cocoon for an Open Mind« bei der Konzeption eines Lofts versucht, auf Türen zu verzichten. Die Räume fließen stattdessen ineinander, ohne dass die Trennungen völlig obsolet sind. Ganz im Sinne von Margarete Schütte-Lihotsky wurden Stauräume so angelegt, dass die Wege möglichst kurz sind und die Wohnung nicht durch herumliegende Alltagsdinge verstopft wird.

Ein ähnliches Konzept verfolgt die Wohnung der Wiener Architekten Elke Meissl und Roman Delugan (www.deluganmeissl.at), bei denen die einzelnen Räume nicht mehr die Grenzen der Wohnbereiche markieren. Bade- und Schlafzimmer sind hier zu einer Einheit fusioniert und bilden das Intimitätsmodul der Wohnung. Die Küche ist Teil der Architektur und wird zum bestimmenden Element eines großen Ernährungs- und Kommunikationsmoduls.

Dekoration mit Mehrzwecknutzen

Dass auch Schmuck und Accessoires mehr können, als ausschließlich der Schönheit zu dienen, wird im Rahmen des Funktionalismus 2.0 erneut deutlich. Denn gelegentlich können es ganz einfache Dinge sein, mit denen Kunden ein zusätzlicher Mehrwert eines Objekts ermöglicht werden kann.

Design Hype inc. (www.designhypeinc.com) hat einen Armreif entworfen, auf dem das New York City U-Bahnnetz abgebildet ist. Ein einfacher Blick auf das darüber hinaus durchaus sehr schicke Accessoire genügt, und Tourist wie Newbie wissen sofort, wo es lang geht. Und im Nachhinein dient der Reif als Erinnerung an und Denkstütze für den Ausflug durch Manhattan.

Nur in Kombination mit zwei Ringen funktioniert die Armbanduhr, welche die Designer Kwang-seok Jeong, Min-hee Kim and Hyun-joong Kim zunächst als Prototypen entwickelt und entworfen haben. Es ist (siehe auch weiter unten: Handicap-Design) eine Uhr für Gehörlose, welche mittels der Ringe akustische Signale dem Nicht-Hörenden visualisiert. Die beiden Ringe an den Fingern ersetzen die Ohren. Sie übersetzen zum Beispiel den Namen des Trägers, Schlüsselsätze wie »Excuse me...« oder herannahenden Autolärm auf die Uhr.

Multi-Tool-Design mit spielerischen Gadgets sind lustig, aber nicht zwangsläufig erfolgreich

Doch Multi-Tool-Design versucht sich zunehmend nicht nur auf den klassischen »Design-Märkten«, an denen seit jeher eine hohe Affinität zu Ästhetik herrscht, sondern auch in ganz anderen Bereichen wie zum Beispiel in der Gastronomie oder der Tech-Gadgetbranche. Inwieweit hier der Trend sinnvoll und authentisch umgesetzt wird, ist sicherlich zu diskutieren:

Im Londoner Restaurant Inamo dient der Tisch als Speisekarte. Von der Decke aus werden die Gerichte von einem Beamer auf die Tischplatte projiziert. Zudem können die Gäste sich über das Tool mit Spielen unterhalten oder die Essenszubereitung in der Küche beobachten.

Nicht zuletzt Mobiltelefone werden ja zu immer mehr als dem reinen Telefonieren verwendet. Das Cool758 »Razor Phone« verfügt nicht nur über einen Dual-SIM -Kartenslot, Bluetooth, MP3 wie MP4 Player, Radio, Touchscreen und 2 Megapixel-Kamera, sondern auch über einen Rasierapparat. Unten wird einfach eine Kappe entfernt und schon geht es den Bartstoppeln an den Kragen.

Handicap-Design: Traf bisher Zweck auf Design, trifft nun Ästhetik auf Nutzen

Multi-Tool-Design betrifft zunehmend aber auch eine Sparte an Produkten, die primär für Menschen konzipiert werden, die zum einen auf Hilfsmittel angewiesen sind, deren optischer Reiz aber eher im Hintergrund zu erwarten wäre. Doch gerade für Sehbehinderte und Blinde werden immer mehr Smart-Tech-Gadgets high-end designt, die nicht nur visuelle Leckerbissen sind, sondern auch multifunktionale, durchdachte Alltagstools. Immerhin – so schätzt der Deutscher Blinden- und Sehbehindertenverband e.V. (DBSV) – liegt die Anzahl der Sehbehinderten in Deutschland bei rund 1,2 Millionen Menschen.

Squibble heißt ein schickes und äußerst cleveres Gerät des Designers Andrew Mitchell. Per Bluetooth lässt sich der Noch-Prototyp als Tastaturersatz für jedes beliebige Gerät verwenden – egal ob Notebook oder Handy. Dank avancierter Technologie lassen sich auf der Silikon-Oberfläche des kleinen und mobilen Tools Braille-Buchstaben formen. Zusätzlich verfügt Squibble über eine Audiofunktion.

HiFi-Geräte werden heute immer avancierter und machen Sound zu einem Erlebnis. Das allerdings ist im Falle von zu vielen Knöpfen, Reglern und Schaltern nicht jedem vergönnt. So hat Paris Lowitz eine Stereoanlage für Blinde entworfen, die auch jedem Sehenden optisch sofort gefallen wird. Statt mit Knöpfen kommt die Anlage mit fühlbaren Markierungen aus.

Ebenfalls noch ein Prototyp ist die Touch Sight Kamera, die anstelle eines LCD-Monitors einen Braille-Monitor hat, der dreidimensional das Bild darstellt. Chueh Lee vom Samsung Design China Team hat die Kamera so konzipiert, dass sie gegen die Stirn gehalten wird und quasi wie ein drittes Auge von dort das Bild aufnehmen kann.

Industrie-Designer Jonathan Lucas hat für Blinde einen Rechner mit Tastatur entwickelt, dessen Design manch einen Blogger an futuristische Star Trek-Gadgets für Klingonen erinnert. Benannt ist das stylische Gerät nach einer blinden Ameisenart aus West-Afrika und Kongo – »Siafu«. Auch das verwendete Material scheint aus einer anderen Epoche zu stammen: Magneclay ermöglicht eine veränderbare digitale, haptische Oberfläche, so dass Bilder in 3D dargestellt werden können. Der Text wird automatisch in Braille übersetzt. Außerdem lässt sich die SIAFU-Oberfläche in eine Braille-Tastatur mit neun Tasten verwandeln.

Prognose 2020

Der Megatrend Mobilität wird künftig die Nachfrage nach Mehrzweckprodukten mehr und mehr ansteigen lassen. Aus drei mach eins erhöht nicht nur die Flexibilität der Kunden, sondern verringert auch den Platzbedarf. Dabei darf aber nicht vergessen werden, dass Multi-Tool-Design realistisch und authentisch bleiben muss. Die Mehrzweckmäßigkeit des Produkts oder der Dienstleistung darf nicht willkürlich und an den Haaren herbei gezogen wirken, sondern muss zusammen funktionieren. Auch sollte das Multi-Tool-Objekt Kunden am besten noch einen gewissen, individuellen Handlungsspielraum lassen. Gerade in einem Zeitalter, in dem Lebensstile an Individualität kaum zu übertreffen sind, müssen die Produkte den spezifischen Bedürfnissen des Einzelnen entsprechen. Daneben wird es zunehmend wichtiger, Nischengruppen, wie etwa Menschen mit physischen Einschränkungen, mit Mehrfachlösungen als Kundengruppe zu gewinnen und zu überzeugen.

Ich-Werte-Konsum

Ethisch und ökokorrekt gerne, aber wie profitiere ich davon?

Von Bio im Discounter über Öko beim Autohändler – die Green Economy ist in unserer Gesellschaft mittlerweile fest verankert. Kaum ein Markt, eine Branche, die nicht neben der Kernleistung des Produkts auch einen ethischen oder ökologischen Mehrwert verkauft. Und spätestens seit Fastfoodketten ihre Logos von rot auf grün umstellen, ist klar: Der Megatrend Neo-Ökologie ist in der gesellschaftlichen Mitte angekommen. Konsumenten fordern heute genau dieses Extra ein, denn sie wollen bewusst und ohne schlechtes Gewissen konsumieren. Doch ebenso wie sich die einstigen »Green Markets«, auf denen der Fokus vor allem auf eine gesunde Ernährung und die optimale Balance zwischen Freizeit und Arbeit, Mensch und Natur gerichtet war (vgl. Zukunftsinstitut, 2005), zu den LOHAS-Märkten (vgl. Zukunftsinstitut, 2007) weiterentwickelt haben, unterliegt das Bedürfniss der Konsumenten nach Shopping-Ohne-Reue auch heute keinem Stillstand: Der erste Hype um die LOHAS geht gerade vorbei, so dass Unternehmen künftig andere Faktoren als das bloße Feel-Good-Versprechen brauchen, um die Konsumenten für sich zu gewinnen. Der Ich-Werte-Konsum bedeutet also nicht das Ende der Moralisierung der Märkte – ganz im Gegenteil: der bewusste Konsum setzt sich fort und erreicht eine neue Ebene, auf der die Konsumenten sich stärker mit der Frage nach dem »Warum« auseinandersetzen.

Vom Alt-Öko zum Ich-Werte-Konsumenten

Ende 20. Jahrhundert	***2000 – 2010***	***2010 – 2020***
Alt-Ökos	*LOHAS*	*Ich-Werte-Konsumenten*
Konsumverzicht	*Kritischer Konsum*	*Selfness-Konsum*
»Kann ich mir das leisten?«	*»Will ich mir das leisten?«*	*»Warum soll ich mir das leisten?«*
Skepsis gegenüber Wertekultur	*Renaissance der Wertekultur*	*Voraussetzung eine Wertekultur*
Dogmatiker	*Gesunde Hedonisten*	*Ego-Moralisten*
Kompromisslos	*Sowohl-als-Auch*	*Wenn-Dann*
Seperatisten	*Konsumavantgardisten*	*Mainstream*
Materialistisch	*Postmaterialistisch*	*Moral-Materialistisch*
Überzeugung & Glaube	*Sinn & Spiritualtität*	*Individueller Mehrwert*

Quelle: Zukunftsinstitut 2010

Die Metamorphose des Wertekonsums: Ein neuer Ego-Moralismus fordert die weitere Moralisierung der Märkte ein

Sei es Josef Ackermann, der über die gesellschaftliche Verantwortung von Banken referiert (und davon, dass Banken dem Menschen dienen müssen und nicht in einer Parallelwelt existieren können) oder der einstige Buhmann-Konzern Lidl, der sich auf einmal für Mindestlöhne einsetzt und Image-Werbung im TV macht – der Wertewandel in unserer Gesellschaft ist omnipräsent. Dass die meisten Unternehmen dabei nicht zu allererst aus einer altruistischen Motivation heraus auf die Green Economy setzen, führt uns derzeit am besten der Werbespot des IT-Unternehmens IBM vor Augen. Seine Message lautet: Energiesparen ist schön, wird für den CEO aber noch schöner, wenn dabei Kosten eingespart werden resp. sogar neue Gewinne für das Unternehmen entstehen können.

In gleichem Maße wie es bei den Unternehmen bereits gang und gäbe ist wird künftig auch der Werte-Konsum der einzelnen Verbraucher ich-zentrierter und nicht länger auf seine äußeren Konsequenzen beschränkt bleiben. Der Konsument von morgen ist selbstbewusster, möchte bei seinem Werte-Konsum nicht mehr einfach nur auf die Vorteile für Umwelt, Gesellschaft und

Rückblick

Vom Konsumfeminismus zum Ich-Werte-Konsum

»Frauenbedürfnisse bestimmen das Ladendesign, die Dienstleistungen und die kommenden Absatzmärkte. Dabei geht es nicht nur um einen eigenständigen autonomen Frauen-Konsum-Bereich, sondern vor allem um weibliche Sichtweisen.« (Konsument 2010, Zukunftsinstitut 2000)

Frauen haben die gesellschaftliche, wirtschaftliche und kulturelle Entwicklung der vergangenen Jahre maßgeblich mitgestaltet und nachdrückliche Spuren durch Megatrends wie New Work, Individualisierung und Neo-Ökologie hinterlassen. Auch haben sie zum Wertewandel beigetragen. Klassische »weibliche« Werte wie Gesundheitsinteresse, Selbstreflexion, Verantwortungsbewusstsein, Gemeinsinn und Empathie sind auf die harten Ideale der bisher »männlich« dominierten Welt getroffen wie Gewinnmaximierung, Ellenbogengesellschaft, Egoismus, Rücksichtslosigkeit und Entschlossenheit. Frauen schafften es in den letzten Jahren diese »männlichen« Werte zu beeinflussen, eine Sowohl-als-auch-Kultur zu initialisieren, die nicht zuletzt den viel zitierten Lifestyle of Health and Sustainability bedingte und Genuss und Engagement vereinte. In der kommenden Dekade wird die Gewichtung paritätischer ausgehandelt. Geschlechterdifferenzen in der Wertekultur werden rückläufiger und sowohl Männer als auch Frauen werden die jeweils »andere Seite« besser integrieren, so dass sich im Endeffekt ein ausgeglichenes Verhältnis bildet, das künftig in den Ich-Werte-Konsum mündet. Wie auch die LOHAS-Märkte maßgeblich von den Frauen als Konsumavantgardistinnen geprägt wurden, ist es auch in Bezug auf den Ich-Werte-Konsum die Feminisierung der Gesellschaft, die diesen Trend in die gesellschaftliche Mitte heben und die Männer mittelfristig mitziehen wird.

Kultur vertrauen und wird immer öfter zusätzlich auch einen persönlichen Vorteil einfordern. Ohne – und das ist das Entscheidende dabei – die Werte- und Moralvorstellungen zu vergessen, vielmehr werden sie in der Ökonomie von morgen auf den Märkten als Basiseigenschaft vorausgesetzt.

Auch andere Zielgruppen, die bisher nur partiell am Gut-Konsum interessiert waren, werden künftig zu Ich-Werte-Konsumenten

Beispielweise auch die Verbraucher, die zwar prinzipiell an nachhaltigen Produkten interessiert sind, aber bisher – nicht zuletzt bedingt durch die Finanzkrise – doch noch stärker auf den Preis achteten. Etwa wenn wertevolle Produkte ihnen auch einen indirekten finanziellen Vorteil ermöglichen. Themen wie Energie, Wohnungsbau oder Automobile lassen sich über das Thema »Ökologie ist Ökonomie« gut bedienen. Besonders im Bausektor lässt sich derzeit ein Wandel beobachten: Nachhaltigkeit gepaart mit einer schwäbischen Mentalität macht die Branche zu einem Zukunftsmarkt in der Green Economy. Denn momentan entdecken auch die konservativsten Häuslebauer immer mehr ihr Herz für den Umweltschutz.

Ökologie ist für den Ich-Werte-Konsumenten auch Ökonomie

Was ist für Sie das wichtigste Entscheidungskriterium beim Autokauf?

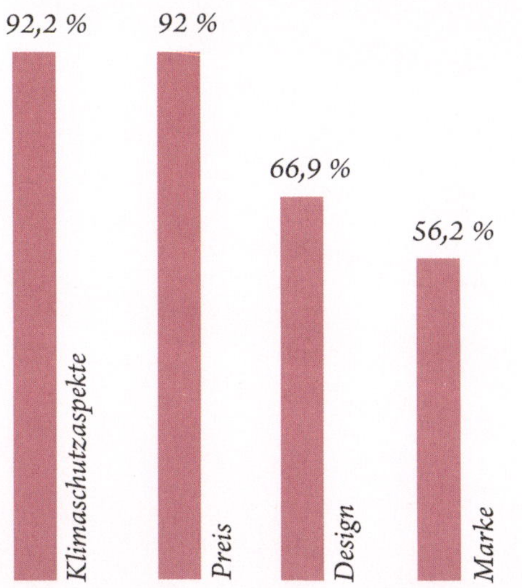

Quelle: www.autogazette.de, 1001 Befragte, Infratest.

Gründe für regenerative Heizungslösungen

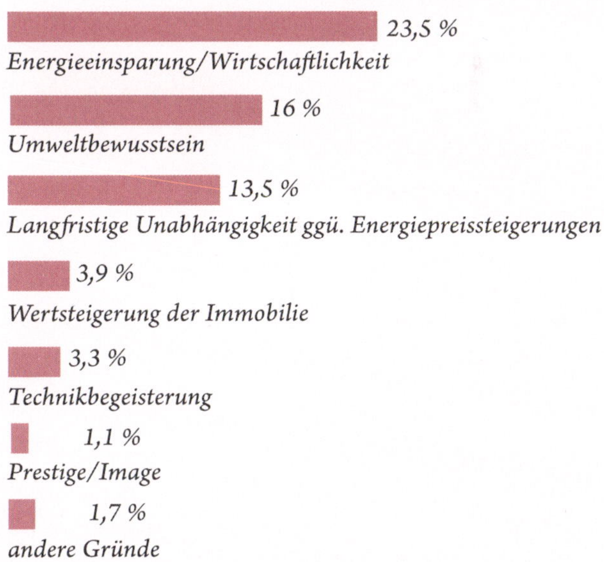

Quelle: TdW 2009/Potenzial: 64,87 Mio.

Erst im November 2009 ist mit »Greenhome« ein neues Lifestyle-Bau-Magazin im Deutschen Blätterwald erschienen, das sich ausschließlich mit nachhaltigem Bauen, Renovieren und Wohnen beschäftig. Natürlich teasert die Nummer 1 mit entsprechenden Schlagzeilen wie: »Grün renovieren lohnt. Wir zeigen wie.« oder »Geld zurück vom Staat. Die 10 wichtigsten Förderprogramme« (www.greenhome.de).

Der Ich-Werte-Konsum und die neuen Lebensstile

Künftig fordern vor allem die Lebensstile die neue Ego-Moral ein, die eine besondere Nähe zum Lifestyle of Health and Sustainability (LOHAS) aufweisen. So etwa die Inbetweens, die Latte-Macchiato-Familien, die VIB-Familien, die Super-Grannys und nicht zuletzt die bedeutende Gruppe der Greyhopper. Durch die neuen Kontrollmöglichkeiten für den Verbraucher ist künftig in allen genannten Lebensstil-Gruppen ein erhöhtes Gut-Konsum-Potenzial zu verzeichnen. Der Gedanke der Nachhaltigkeit ist so fest in der Gesellschaft verankert, dass es in allen multigraphischen

Vom Alt-Öko zum Ich-Werte-Konsumenten

*Lebensstil**	*Lohas-Potenzial*	*Ich-Werte-Konsum-Potenzial*
CommuniTeens	-	+
Inbetweens	++	+++
Young Globalists	-	+
Latte-Macchiato-Familien	+++	+++
Super-Daddys	+	+
VIB-Familien	++	++
Netzwerk-Familien	+	+++
Tiger-Ladys	-	++
Silverpreneure	+	+++
Super-Grannys	++	++
Greyhopper	+++	++

**Siehe Kapitel »Kurzdefinitionen Lebensstile 2020«*

Quelle: Zukunftsinstitut 2010; Erklärung 0 = keine Relevanz; +++ = höchste Relevanz

Lebenssituationen zur Normalität werden wird, mit ethisch- und ökokorrektem Bedürfnis zu konsumieren. So wird es für die Jüngeren gerade hinsichtlich der Berufskarriere immer wichtiger soziales Engagement aufzuweisen, während es für die Mid-Ager der finanzielle Vorteil ist, der gerade vor dem Hintergrund der Familiengründung lockt. Auch bei den neuen Alten stößt die moral-materialistische Konsumideologie insgesamt auf neues Interesse.

Make a donation, get a... Ich-Werte-Konsumenten geben gerne – aber nur, wenn sie den öko-sozialen und persönlichen Vorteil maximieren können!

Mit dem Ich-Werte-Konsum bekommt auch die Spendenbereitschaft neuen Antrieb, mit einer ganz neuen Wendung. Anders als zu Zeiten der Methode »Sie kaufen einen Kasten Wasser und wir pflanzen einen Baum«, geht es beim Ich-Werte-Konsum künftig um die direktere Kooperation zwischen Kunden, Unternehmen und Non-Profit-Organisationen. So möchte der Konsument von morgen beim Gut-Konsum nicht länger nur vertrauen und zusehen, sondern lieber selbst aktiv werden – und dann belohnt werden.

Der US-amerikanische Outdoor-Lifestyle-Mode-Hersteller Horny Toad (www.hornytoad.com) bietet seinen Kunden einen Rabatt von 15 Prozent auf die aktuelle Kollektion an, wenn sie gebrauchte Kleidung an die Second-Hand-Shops der Non-Profit-Organisation Goodwill (www.goodwill.org) spenden. Auf der Seite von Horny Toad können die Kunden unter »Share the Warmth« zusätzlich der Community mitteilen, was sie gespendet haben.

Die Hotelgruppe Sage Hospitality, die unter anderem Hotels wie Mariott oder Hilton betreibt, gewährt sogar 50 Prozent Preisnachlass auf ein Hotelzimmer in den USA, wenn acht Stunden ehrenamtliche Tätigkeit bei einer Non-Profit-Organisation geleistet wurden. Unter dem Motto »Giva a day, get a night« läuft die Aktion bis zum 29. März 2010.

Ganz ähnlich klingt auch der Aufruf des Mickey-Mouse-Konzerns: 1 Millionen Menschen erhalten mit »Give a day. Get a Disney Day« in den Walt Disney World Park oder ins Disneyland freien Eintritt, vorausgesetzt sie sind zwischen dem 1. Januar und 15. Dezember 2010 bei einer von HandsOn registrierten Hilfsorganisation in Amerika ehrenamtlich tätig.

Der White House Black Market in Glastonbury gewährte den Kunden einen Rabatt von 10 Prozent auf alle Waren, wenn sie am 16. November eine Lebensmittelspende zugunsten des Wohltätigkeitszentrums House of Bread in Hartford abgaben.

Die Finanzbusinesses stellen sich im Rahmen des Ich-Werte-Konsums um

Die neuen Wertevorstellungen der Verbraucher zwingen zunehmend auch die Finanzmärkte zum Umdenken. Infolge der Krise ist das Bedürfnis nach Transparenz und Authentizität höher denn je. Gleichzeitig – ebenso eine Konsequenz der ökonomischen Entwicklungen der letzten Monate – überwiegt das Misstrauen auf den Finanzmärkten, wodurch insgesamt zaghafter mit dem Geld umgegangen wird. Die Finanzinstitute können Kunden in Zukunft daher vor allem dann überzeugen, wenn diesen klar, offen und direkt der Profit des ethischen Einsatzes kommuniziert wird.

Mit dem Hauskauf neue Mikrokredite finanzieren: So können die niederländischen Kunden der ING-Bank beim Abschluss einer Hypothek 300 Euro an das Projekt »Huis voor een huis« (Haus für ein Haus) spenden. Die Bank verdoppelt den Betrag, der Familien in Bangladesh und Indien als Mikrokredit zur Verfügung gestellt wird, die damit ein Haus bauen können. Wird der Betrag zurückgezahlt, fließt das Geld in neue Mikro-Kredite. ING kooperiert für dieses Projekt mit der niederländischen Non-Profit-Organisation Wereldfoundation (www.ing.nl/huisvooreenhuis).

Und auch im Finanzmarketing ist die Idee bereits angekommen: So hat die Kanadische Kreditanstalt Servus (www.servuscu.ca) jedem neuen Kunden einen 10 Dollar-Schein versprochen mit dem unter dem Motto »How will you use ten dollars to make someone's day?« jemandem etwas Gutes getan wird. Vorschläge wie »Kaufe der Kassiererin im Supermarkt Blumen« oder »Bezahle demjenigen, der hinter Dir im Drive Thru steht, den Kaffee« wurden im Rahmen des »Feel-Good-Experiments« (www.feelgoodripple.ca) gleich mitgeliefert.

Investitionen in ein sympathisches Projekte tätigen und dabei einen direkten Profit machen: Hans-Georg Schmid fehlte das Geld für Umbau und Innenausstattung seines Slow-Imbisses (www.slow-imbiss.de) am Prenzlauer Berg. Für sein Good-Food-Projekt erfand er die essbare Aktie. Die Gäste konnten zwischen 100 und 1000 Euro investieren und dann für 110 bis 2000 Euro bei ihm essen, was einer Rendite von 10 bis 100 Prozent entspricht. Auf der Vorgründungsparty nahm Schmid so 4.300 Euro ein.

»Gutes Tun« und der Megatrend Gesundheit

Selbst die CO_2-Reduktionsdiskussion wird nicht länger nur unter dem Aspekt der schmelzenden Polkappen geführt, sondern entwickelt sich immer mehr auch zu einer persönlichen Angelegenheit. In der renommierten medizinischen Fachzeitschrift »The Lancet« (www.thelancet.com) erschien Ende November 2009 ein Artikel über die gesundheitlichen Auswirkungen der Ruß-Emissionen, aus dem hervorging, dass jährlich etwa 2,5 Millionen Menschen an den Folgen von alten Diesel-Maschinen und unökologischer Energiegewinnung sterben. Durch das veränderte Gesundheitsbewusstsein und die gestiegene Eigenverantwortung der Menschen (siehe auch Kapitel »Self Design«) wird der Ich-Werte-Konsum künftig auch für die Gesundheits- und Wohlfühlmärkte immer relevanter werden.

Self-Design + Klimarettung: Eine auf den ersten Blick etwas groteske Mischung ist die Nachhaltigkeit plus Diätenwahn. Noch vor einigen Jahren zielte die Idee der »Global Warming Diet« (www.globalwarmingdiet.org, vgl. auch Food-Styles, Zukunftinstitut, 2007) ausschließlich darauf ab der Klimakatastrophe vorzubeugen. Doch mit einem Kochbuch samt Ratgeber zum klimaschonenden Einkaufen und Kochen können die Kunden von morgen nicht länger hinter dem Herd hervorgelockt werden. Und so werden zunehmend Koch- und Diätenbücher von Models und Hollywoodsternchen publiziert, die zum Beispiel mittels Veganismus Klimaschutz plus Abnehmen versprechen. Etwa das neue Buch der Schauspielerin und PeTa-Aktivistin Alicia Silverstone: »The Kind Diet: a Simple Guide to Feeling Great, Losing Weight, and Saving the Planet«. (www.thekindlife.com)

Nachhaltig und gesund trinken – und zusätzlich noch Geld sparen. Neue Flaschenmodelle, die aus Leitungswasser direkt beim Trinken Schadstoffe herausfiltern, machen es möglich. Die neue Generation Flaschen verfügt über ein eingebautes Filtersystem wie etwa die »321 Water«-Modelle aus Australien mit Kohlefilter (www.321-water.com). Der Name leitet sich davon her, dass nur noch drei Liter Wasser zur Herstellung von einem Liter Trinkwasser benötigt werden. Ähnlich die Hydras Bottle (www.hydrosbottle.com), die ursprünglich von der University of Pennsylvania entwickelt wurde, um in Entwicklungsländern die Wasserqualität zu sichern. Durch die steigende Anzahl der mobilen Städter stieß man aber auch auf einen Nachfragemarkt direkt vor Ort. Die 700 ml-Flasche filtert die in einigen Staaten in hohen Dosen enthaltenen Schwermetalle und Toxine direkt beim Trinken aus dem Leitungswasser.

Prognose 2020

Der Ich-Werte-Konsum wird sowohl die LOHAS- als auch die Basis-Märkte in den nächsten zehn Jahren entscheidend verändern. Verbraucher definieren ihre Konsumbedürfnisse mehr und mehr über einen persönlichen Nutzen, fordern aber dabei gleichzeitig eine Werte-Komponente ein. Diese Entwicklung wird von Food bis Wohnen alle Branchen betreffen und zum integrativen Bestandteil des Konsumalltags werden. Geben und Nehmen heißt die Devise, die auch eine neue Kooperation zwischen Business, Customer und Non-Profit-Organisation einläutet, denn Ich-Werte-Konsum basiert nicht zuletzt auf einem gegenseitigen Profitieren und Respektieren. Verantwortung bleibt wichtig, aber der Kunde ist am Ende nicht länger der alleinige Geber, sondern möchte ebenfalls einen direkten Nutzen haben.

Supersicherheit

Die Sache mit der viel zitierten »German Angst« ist doch ein wenig komplexer, als es auf den ersten Blick scheint. Wahr ist, dass die Deutschen im internationalen Vergleich eine hohe Vorsorgebereitschaft aufweisen und von differenzierten Ängsten geplagt werden. Wir fürchten uns vor Arbeitslosigkeit, Krankheiten, Verbrechen, Terrorismus und Klimawandel. Und dieses hohe Angstniveau hält sich seit dem Ende des Zweiten Weltkriegs relativ konstant, auch wenn sich mit den Jahren die Objekte der Angst von der äußeren zur inneren Bedrohung, vom Sichtbaren zum Unsichtbaren verschoben haben. Triebfeder dieser Entwicklung sind die Megatrends Silberne Revolution und Gesundheit – weil in einer alternden Gesellschaft die Bedeutung von körperlicher Unversehrtheit und persönlicher Fitness naturgemäß ansteigt; sowie die stärkere Betonung der Eigenverantwortung, die durch die großen Trends Individualisierung und Globalisierung impliziert wird. In den letzten Jahren konnten wir miterleben, dass gerade die fortschreitende wirtschaftliche Globalisierung massive Ängste, insbesondere im Hinblick auf den Erhalt des Sozialstaats hervorgerufen hat. War doch die Garantie einer zumindest minimalen sozialen Sicherung ein zentraler Aspekt jenes bundesrepublikanischen Sicherheitsregimes, das wirtschaftlich begründete Ängste während der gesamten Nachkriegszeit einzudämmen vermochte.

Die Deutschen – Ein Volk von Hasenfüßen?

Spätestens mit der Agenda 2010 war dann erst einmal Schluss mit diesem Sicherheitsgefühl, für viele Ostdeutsche auch schon wesentlich früher, nämlich mit dem plötzlichen Zusammenbruch ihres Staates. Doch weder Form noch Inhalt dieser Ängste sind spezifisch deutsch. Eine »psycho-pathologische Konstante einer German Angst als nationaler Charaktereigenschaft« lässt sich aus den Angstzyklen der Nachkriegszeit nämlich nicht ableiten, analysiert Prof. Frank Biess, Associate Professor für deutsche und europäische Geschichte an der University of San Diego. Wohl aber ein ausgeprägtes Bedürfnis nach Absicherung, welches auch heute noch spürbar ist und damit Triebfeder für den bedeutsamen Konsumtrend Supersicherheit. Doch welche Sicherheiten versuchen wir heute und in Zukunft zu kaufen? Eine Antwort auf diese Frage ergibt sich aus der Analyse der größten Ängste, Wünsche und Hoffnungen der Menschen. Wir alle wünschen uns ein Leben in finanzieller Unabhängigkeit, im Vollbesitz unserer körperlichen, geistigen und seelischen Kräfte und in einer gesunden Umwelt.

Die Ängste der Deutschen treiben den Sicherheitstrend weiter an

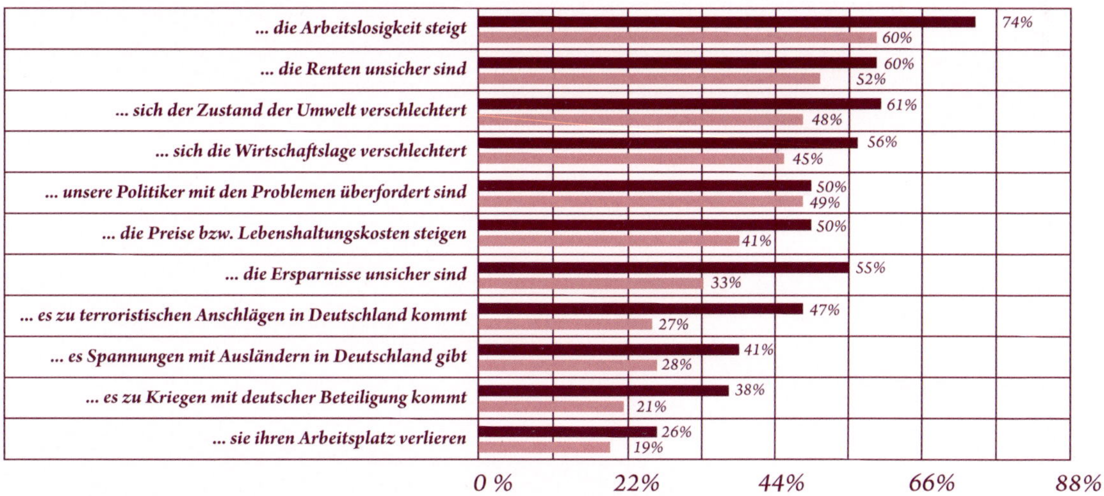

Quelle: Stern, 2009 ■ Frauen ■ Männer (Deutschland; 1.000 Befragte; Forsa)

Das Bedürfnis nach fürsorglicher Überwachung bereitet der Sicherheitsindustrie große Umsatzfreuden

Besonders ausgeprägt ist dieses Sicherheitsbedürfnis bei all jenen, die Sorge-berechtigt sind. Wer Kinder bekommt, darf sich Sorgen machen, so scheinen manche Eltern dieses Sorgerecht zu interpretieren – auch wenn die Ängste in Bezug auf den Nachwuchs selten angemessen scheinen. Eine Studie der Technischen Universität München im Auftrag des Bayerischen Staatsministeriums für Umwelt, Gesundheit und Verbraucherschutz kam im Jahr 2007 zu dem Schluss, dass Eltern manche Gefahren für ihre Kinder dramatisieren – etwa Zeckenbisse und Meningitis. Und andere Risiken wie Bewegungsmangel, Allergene und Tabakrauch etwa dagegen unterschätzen. Um zu diesem Ergebnis zu kommen, wurden die von den Eltern genannten Gefahren mit der objektiven Einschätzung der Wissenschaftler verglichen. Nur zwei der Risiken, die bei den Eltern in die Top Ten kamen, finden sich unter den ersten zehn Gefahren, die die Experten sehen (nämlich Kopfverletzungen durch Radfahren ohne Helm sowie Verkehrsunfälle). Besonders groß ist auch die Angst, die Kinder könnten Opfer einer Straftat werden oder anderweitig verloren gehen, weswegen die Kindersicherheitsindustrie weltweit immer ausgefeiltere Überwachungsgeräte hervorbringt.

Da gibt es beispielsweise die neue Kinderarmbanduhr Num8 mit integrierter GPS-Funktion, ein Kinderhandy Junior Tel, bei dem das Kind zu bestimmten Zeiten am Tag eine Taste drücken muss, damit die Eltern wissen, dass es noch lebt (vergisst das Kind zu drücken, geht ein Alarm los) (www.lok8u.com)

Für Teenager bietet ein amerikanischer Autoversicherer ein Sicherungssystem namens Teensurance an. Dabei gibt man vorher im Auto ein, wie schnell das eigene Kind fahren, in welchem Radius es sich bewegen und zu welchen Uhrzeiten es das Auto benutzen darf (www.teensurance.com).

Die Kreditkartenfirma Plastyc Inc. bietet eine Visa-Karte an, die den Eltern alle Geldbewegungen der Jugendlichen meldet. Zudem verbietet die Karte den Kauf von Waffen, Sprengstoff, Alkohol, Tabak und Pornographie aller Art (www.plastyc.com).

Rückblick

Von der High-Touch-Ökonomie zur Supersicherheit

Zweifellos hat sich die Kluft zwischen Arm und Reich in Deutschland vertieft – und zwar bereits vor der Finanzkrise. Dem Trend Supersicherheit beschert diese Entwicklung neue Aufmerksamkeit. Die Zahl derjenigen, die bei uns als arm gelten, hat zugenommen. Als armutsgefährdet gilt inzwischen EU-weit, wem weniger als 60 Prozent des durchschnittlichen Haushaltseinkommens zur Verfügung steht. 1998 waren das noch 12 Prozent der Bevölkerung, 2005 bereits 18 Prozent. Gleichzeitig aber tragen die aktuelle Rezession, Kurzarbeit und Stellenstreichungen dazu bei, dass sich immer mehr Menschen von sozialem Abstieg bedroht sehen, auch Angehörige der Mittelschicht. Und diese verängstigte, wenngleich schrumpfende Mitte lässt die Umsätze der Verkäufer von Sicherheitsprodukten und -dienstleistungen genauso ansteigen wie die Absicherungserwartungen der Gutverdiener. Die Idee einer High-Touch-Ökonomie wird durch diese Entwicklung neu belebt. Denn gerade Produkte, die Sicherheit und Fürsorge vermitteln, implizieren einen hohen Erklärungsbedarf oder entstammen direkt dem Bereich der menschennahen Dienstleistungen, den wir Ihnen in der Studie »Konsument 2010« erstmalig vorstellten.

Big Brother is back: Vertrauen ist gut, Überwachung ist besser

Da überwachen Unternehmen ihre Angestellten mit Detektiven und Kameras, bespitzelt man bei der Telekom Betriebsräte und Gewerkschafter und erfährt, dass hinter Ex-Porsche-Chef Wiedeking mit einem Babyphon herspioniert worden sein soll. Wer im Büro am Computer sitzt, kann zu jeder Sekunde überwacht, jede besuchte Internetadresse kann überprüft, von jeder Mail eine Kopie gemacht werden – ohne dass damit Datenschutzrechte verletzt würden. Nach Recherchen der Süddeutschen Zeitung ist die Zahl der in Deutschland abgehörten Telefonate drastisch angestiegen. 2008 wurden insgesamt 16.463 Überwachungsmaßnahmen angeordnet, 5.348 Verfahren gab es, in denen Telefonate und Computerkommunikation überwacht wurden. Ein Jahr zuvor waren es erst 4.806 Fälle.

Diese Multi-Überwachung hat Spuren hinterlassen, und bei den Konsumenten vor allem zu einem enormen Vertrauensverlust geführt. Was den Schutz der persönlichen Daten angeht, fühlen sich nur noch die wenigsten von ihnen wirklich in Sicherheit. Das Misstrauen überwiegt deutlich: 82 Prozent der Deutschen haben kein Vertrauen mehr in Unternehmen und 72 Prozent misstrauen sogar dem Staat, wenn es um den Umgang mit ihren gespeicherten Daten geht.

Die Datenskandale und Bespitzelungsaffären haben ihre Spuren hinterlassen

Frage: »Vertrauen Sie Unternehmen, wie sie mit gespeicherten Daten umgehen, oder misstrauen Sie Unternehmen da eher?«

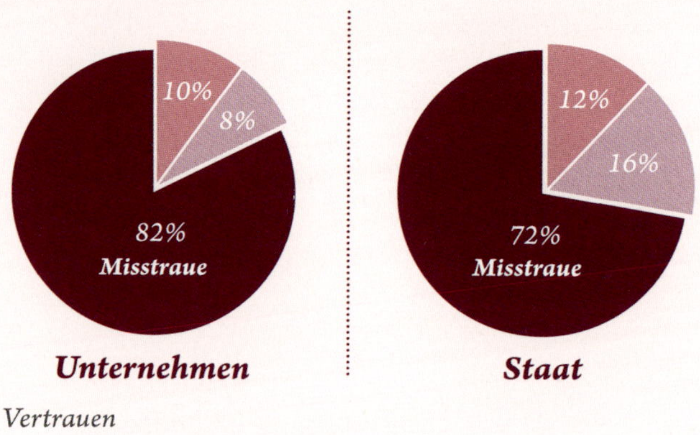

Frage: »Vertrauen Sie dem Staat, wie er mit gespeicherten Daten umgeht, oder misstrauen Sie dem Staat da eher?«

Frage: »Sind Sie in letzter Zeit vorsichtig geworden, wenn Sie irgendwo Ihre persönlichen Daten angeben mussten, oder gab es dafür bislang keinen Grund?«

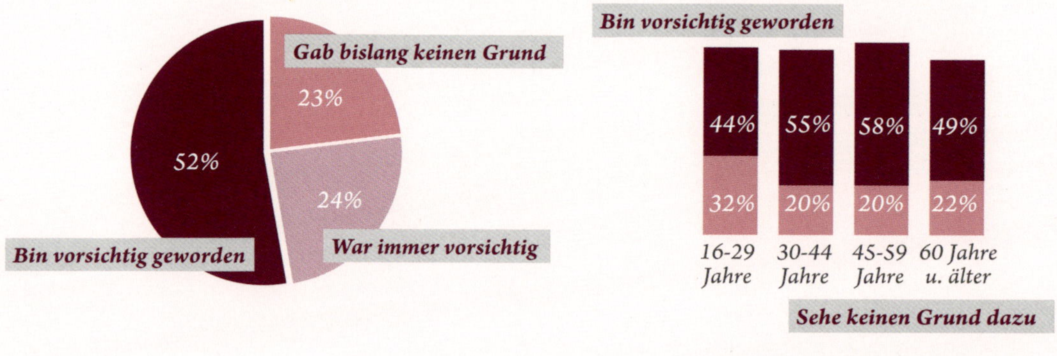

Quelle: Allensbacher Archiv, IfD-Umfrage 10032, Deutsche Bevölkerung ab 16 Jahre, Mai 2009

Es sind aber nicht nur die publik gewordenen Datenskandale und Bespitzelungsaffären, die dem Supersicherheits-Trend weiter den Weg bereiten. Bei einer Umfrage zu Beginn dieses Jahres fand die Gesellschaft für Konsumforschung (GfK) heraus, dass für 70 Prozent der Konsumenten in Deutschland Sicherheit insgesamt ein sehr wichtiges Thema im Leben ist, das in Zukunft sogar noch wichtiger wird. Hinter dem neuen Sicherheitsverlangen der Konsumenten verbirgt sich also auch ein gesellschaftlicher Wertewandel, ein tief greifendes Bedürfnis der Menschen, das nicht (nur) zu einem vorsichtigeren Umgang mit den persönlichen Daten führt und auf lange Sicht den Konsumverzicht bedeutet. Dort, wo sich Lebensgewohnheiten und Bedürfnisse ändern (oder ändern sollten), können auch immer neue Märkte entstehen – mit Umsatzgarantie:

Sicherheit – ein Wert mit altersübergreifender Zustimmung

Zustimmung zu »Sicherheit ist ein Wert, deren Bedeutung in der aktuellen Zeit zunimmt«

Gesamt	14-24 Jahre	25-34 Jahre	35-49 Jahre	50-64 Jahre	65 Jahre und älter
70%	65%	66%	76%	71%	69%

Quelle: Omnibusumfrage im Auftrag des GfK Vereins (Januar 2010, 1.080 Personen)

Private Sicherheit boomt: Die Ausgaben für private Sicherheitsdienste betrugen 2007 weltweit 130 Mrd. US-Dollar, davon bezogen sich 44% auf den Personen- und Objektschutz, 28% wurden für Alarmanlagen und 9% für Sicherheitstransporte aufgewendet. Laut einer Prognose des Hamburgisches Weltwirtschaftsinstitut (HWWI wird sich das Umsatzvolumen für private Sicherheitsdienstleistungen in diesem Jahr auf 12 Milliarden US-Dollar erhöhen (2007: 10 Milliarden US-Dollar).

Die Angst vor der Krankheit – treibt die privaten Gesundheitsmärkte an. Das Sicherheitsbedürfnis der Menschen äußert sich auch im gestiegenen Gesundheitsbewusstsein respektive der hohen Bereitschaft, präventiv in das persönliche Wohlbefinden zu investieren. Die Unternehmensberatung Roland Berger prognostiziert bis 2020 ein Wachstum des privaten Gesundheitsmarkts um ca. 27 Mrd. Euro, das bedeutet ein jährliches Wachstum von 3,3%.

Virtuelle Sicherheit sorgt für reale Umsätze: Auf der diesjährigen Computer-Fachmesse CeBit wird IT-Sicherheit das zentrale Thema der Aussteller sein. Besonders beim Messe-Schwerpunkt »Security World« rechnet man mit einem sehr großen Aussteller- und Besucherinteresse. Viele Firmen haben ihre Standfläche deshalb vergrößert. Laut einer Umfrage der Technologieexperten von Gartner werden die diesjährigen Investitionen für IT-Sicherheit alle anderen Ausgaben im IT-Sektor übertreffen.

Das erhöhte Sicherheitsverlangen der Konsumenten treibt auch das Geschäft mit dem Risiko weiter an

Von dem Bedürfnis nach Supersicherheit profitiert natürlich auch die Versicherungsbranche. Immer mehr Menschen schützen sich mit einer Versicherung vor den Gefahren und den Unwägbarkeiten des modernen Lebens. Auf jeden Deutschen fallen im Schnitt sechs Versicherungspolicen, das sind insgesamt 440 Millionen Versicherungsverträge, die den Versicherern in Deutschland knapp 165 Milliarden Euro an Einnahmen bescheren. Dem Gegenüber stehen lediglich 131 Milliarden Euro Ausgaben. In einem Pilotprojekt bieten die Verantwortlichen bei der Signal Iduna etwa schon den Autofahrern einen Rabatt an, die sich im Gegenzug dazu verpflichten, alle Fahrten durch einen navigationsgesteuerten Fahrtenschreiber kontrollieren zu lassen. Wann immer der Fahrer einen schweren Fehler macht, muss er damit rechnen, dass die Versicherung diesen anschließend zu seinen Ungunsten auswertet. Gut möglich, dass es künftig auch für diejenigen Rabatte gibt, die in eine GPS-Fahrzeugortung investieren. Bei diesen Systemen wird ebenfalls ein »GeoFence«, ein unsichtbarer und elektronischer Schutzraum, eingerichtet. Verlässt das eigene Auto diesen unberechtigt (etwa durch einen Diebstahl), so geht ein Alarm los.

Supersicherheit bereitet dem Versicherungsmarkt Superumsätze

(Beitrag in Mio. EUR)

Versicherung	1980	1990	2000	2005	2006	2007	2008*
Erstversicherung	36.000	69.888	131.335	157.984	161.945	162.923	164.492
Lebensversicherung	13.215	27.403	61.225	75.244	78.455	78.967	79.576
Schaden- & Unfallversicherung	17.955	32.939	49.398	55.392	55.007	54.495	54.616

*Quelle: Statistisches Taschenbuch der Versicherungswirtschaft, 2009; *teilweise vorläufige Werte*

E-Health: Auch dem Gesundheitsmarkt gibt der Supersicherheits-Trend neue Wachstumsimpulse

Da diese Art der Überwachung jedoch nicht nur monetäre Vorteile bringen, sondern sogar Leben retten kann, lässt die Idee in den Augen von immer mehr Menschen in einem anderen Licht erscheinen. Patientenkunden etwa, die sich aufgrund einer Vorerkrankung, nach einer Operation oder einfach aufgrund eines ausgeprägten Sicherheitsbedürfnisses eine rundum Überwachung ihrer Vitalfunktion wünschen, kommen diesem Ziel künftig immer einfacher und angenehmer näher. Medizintechnische

Supersicherheit und die neuen Lebensstile*

Traditionell verändert sich das Bedürfnis nach Vorsorge und Absicherung mit dem Älterwerden der Menschen. Jüngere gelten als sorgloser, mit den Jahren wächst die Unsicherheit. Das zeigt sich auch an den Ängsten der Deutschen. Während es bei den 20- bis 35-Jährigen die Gewalt auf den Straßen, der Terrorismus und die Wirtschaftskrise sind, die die vorderen drei Plätze der Angststatistik belegen, sind es bei allen Deutschen ganz konkret die steigenden Lebenshaltungskosten, die schlechte Wirtschaftslage sowie Naturkatastrophen, die die größten Sorgen bereiten (TNS Emnid 2009).

Besonders relevant ist der Trend Supersicherheit für Familien wie die VIB-Familien oder die Super-Daddys – die ihre Fürsorgepflicht ernst nehmen und versuchen, die Ihren vor möglichst vielen Gefahren zu schützen. Hier werden es vor allem sanfte Techniken der Überwachung sein, die nachgefragt werden. Aber auch aus den Bereichen Food oder Pharma genauso wie bei den Finanzdienstleistungen wird es neue Nachfrageschübe nach sicheren und absichernden Produkten geben. Unter den älteren Lebensstilgruppen breitet sich dieser Konsumtrend in den nächsten Jahren ebenso weiter aus. Super-Grannys, die sich durch Fun und Fürsorge auszeichnen, Silverpreneure, denen vor allem die Medizintechnik helfen kann, weiter ihrer Unabhängigkeit und Lebenslust zu frönen, gehören mit zu den stärksten Supersicherheitseinkäufern in der Konsumwelt der Zukunft.

*Siehe Kapitel »Kurzdefinitionen Lebensstile 2020«

Überwachung gehört zu den großen Boommärkten, die durch den Megatrend Gesundheit befeuert werden. Bis zum Jahr 2014 rechnet die EU mit jährlich 11 Prozent Wachstum auf dem E-Health-Markt, für dieses Jahr gehen die Experten von einem Anstieg auf 24,6 Milliarden Euro aus. Und längst nicht mehr alles, was die Entwicklungslabore im Bereich der Telemedizin verlässt, zielt noch eindeutig und ausschließlich auf Kranke. Im Gegenteil haben die Global Player in diesem Segment genauso wie die kleinen Konkurrenzunternehmen erkannt, dass sich mit der richtigen Healthstyle-Medizin auch das Leben Gesunder vereinfachen lässt. Sie werden mit neuer Technik in ihrem Bemühen unterstützt, lange fit und gesund zu bleiben.

Innovationsverliebte Ausdauersportler etwa können eine Informationspille mit eingebautem RFID-Chip schlucken, der von Forschern der Radbound-Universität im niederländischen Nijmegen entwickelt wurde. Diese Pille überprüft permanent die Körpertemperatur während eines längeren Wettkampfs, die Werte werden an ein Kontrollzentrum gefunkt, und schon nach einem Tag löst sich der Fremdkörper von selbst auf.

Ein anderes Beispiel für ein solches Überwachungsprodukt ist das »RespiShirt«, das vom Fraunhofer-Institut für Integrierte Schaltungen entwickelt wurde. Mit diesem Sensoren-T-Shirt können Radfahrer während des Trainings Atemanstrengung und -frequenz überwachen. Die Daten werden dabei automatisch an einen digitalen Begleiter, eine Art Handheld, der am Lenker klemmt, gemeldet und dort aufgezeichnet. Neben diesen Daten bietet der digitale Begleiter Informationen über Routen und Sehenswürdigkeiten.

Mehr Wohlbefinden durch Supersicherheit heißt die neue Gesundheitsformel

Wer mag, kann sich heute permanent überwachen lassen – seine Vitalfunktionen und darüber hinaus für den Notfall seinen Aufenthaltsort. Je nach Grunderkrankung werden diese Funktionen mit bestimmen Sonderfeatures zusammengeführt. Als Zukunftsmarkt gilt hier vor allem die Verbindung mit dem Mobiltelefon:

Für Diabetiker etwa gibt es ein »Gluco Phone« (von der Firma Medtronic), also ein Handy, das automatisch den Blutzuckergehalt monitort; für Herz-Kreislauf-Patienten ein »Vitaphone« (www.vitaphone.de), ein Telefon, mit dem sich selbsttätig ein EKG anfertigen lässt; und für alle Menschen, die regelmäßig Medizin einnehmen müssen, ein Medikamenten-Handy »Pill Phone« (www.pillphone.com), das an die Einnahme erinnert und vor Wechselwirkungen zwischen verschiedenen Arzneimitteln warnt.

Auch Apple macht bei diesem Reigen mit: Im Appstore gibt es mit Diabetes Log, Glucose-Charter sowie DiaMedic iPhone-Programme, mit denen Diabetiker ihren Blutzuckerspiegel kontrollieren und zudem das Leben mit dieser Krankheit vereinfachen können. Die Software speichert die Blutwerte, erinnert an neue Messungen und hält Informationen über den Nährwert sämtlicher Lebensmittel bereit.

Bei Novartis wurde unlängst ein Feldversuch mit Medikamenten mit eingebauter Chiptechnologie abgeschlossen, die mit einem als Pflaster auf die Schulter des Patienten geklebten Mikrochip interagiert. Wird die Tablette nicht eingenommen, wird eine SMS versendet – wahlweise ans eigene Telefon oder an das des betreuenden Arztes. Datenschutzbedenken gilt es deshalb zwar zu diskutieren, nehmen sich aber zumindest aus Sicht mancher Patienten nicht dramatisch aus: Wer sogar seine eigene Krankenakte etwa auf einer Website wie www.patientslikeme.com öffentlich zugänglich macht, um mit anderen Betroffenen darüber zu diskutieren, wird sich wohl kaum vor medizinisch-technischer Überwachung fürchten.

Prognose 2020

»Ich kann nicht gegen jede Gefahr ein Gesetz machen«, kommentiert der neu ernannte Bundesinnenminister Thomas de Maizière die Sehnsucht der Bundesbürger nach Supersicherheit in einem Interview mit der Süddeutschen Zeitung, (21./22.11.2009). Im Bereich der Wissenschaft rät man inzwischen zur Besonnenheit und zu einem rationaleren Umgang mit den eigenen Ängsten: »Es ist schade, dass die Gesellschaft noch nicht reif ist, den Unsicherheiten ins Auge zu sehen», findet etwa Gerd Gigerenzer, Professor für Psychologie am Max-Planck-Institut für Bildungsforschung in Berlin. Und so steht einem weiteren Erstarken des Trends Supersicherheit nichts im Wege. Finden hier doch das Bedürfnis nach Vorsorge und Absicherung genauso wie die Sehnsucht nach jemandem, der aufpasst, ihre konsumatorische Entsprechung. Rund um das Thema Angst ist eine gewaltige Industrie entstanden, die zum Teil mit großen Emotionen angeheizt wird. Von der Versicherungs- und Finanzbranche über die Medien bis hin zum Gesundheitssektor – das Sicherheitsbedürfnis der Konsumenten sorgt für Umsätze. Da wir in der Vergangenheit erlebt haben, dass eine Katastrophe medial betrachtet direkt durch die nächste ersetzt werden kann, deutet nichts darauf hin, dass sich an diesem Branchenwachstum in den nächsten Jahren etwas ändern könnte. Supersicherheit gehört zu den krisenresistenten Konsumtrends – da jede Krise wieder neue Nachfrage nach sich zieht. Entscheidend für alle Hersteller in diesem Segment ist es nur, auf die aktuellen Ausprägungen der Unsicherheiten und ihre Lösungsmöglichkeiten mittels Produkte – aber auch auf der Kommunikationsebene – zu reagieren.

Diskretionismus

> *Ich will es einfacher und reduzierter, dabei aber auf nichts verzichten müssen!*

Die »Conspicuous Consumption«, den Geltungskonsum, gab es in der Geschichte der Industrialisierung immer wieder. Geprägt hat diesen Begriff der amerikanische Ökonom Thorstein Veblen 1899 mit seinem Klassiker »The Theory of the Leisure Class«, und er meint damit das Ausgeben von Geld zur Betonung des eigenen Reichtums. Auf jede Phase des konsumatorischen Protzens und Prahlens jedoch folgt eine Gegenbewegung – erst recht, wenn diese Phase in einer wirtschaftlichen Katastrophe endete. In diesem Sinne wird der neue Konsumtrend des Diskretionismus auch von der herrschenden Wirtschaftskrise angetrieben. Impliziert er doch, dass demonstrativer Konsum verpönt ist und neuer, immaterieller Luxus an Wert dazugewinnt.

Doch auch diese Entwicklung beobachten wir schon seit einigen Jahren: Der Megatrend Individualisierung wird eben auch begleitet von einem wachsenden Bedürfnis nach dem Raren und Wahren – nach Zeit und Aufmerksamkeit, nach sinnlichen Erlebnissen und authentischen Erfahrungen. Doch der Diskretionismus ist viel mehr als eine Neuauflage eines veränderten Luxusbegriffs: Diskreter Aktionismus meint, viel zu tun, um wenig aufzufallen; bedeutet Konsumausgaben, die für versteckten Luxus genauso getätigt werden wie für ein neues Verantwortungsbewusstsein – für mich und für andere.

»That's so August of you« – Kritik am Konsumleben mahnt zu mehr Verantwortungsbewusstsein

Besonders Konjunktur hat der Diskretionismus im Mutterland der Krise, den USA. »That's so August of you« ist die Phrase des Jahres 2009 gewesen. Und sie kritisiert jemanden, der offensichtlich so weiterlebt wie im August 2008 – also vor Ausbruch der aktuellen Finanz- und Wirtschaftskrise. Wenig deutet darauf hin, dass diese Kritik bald schon wieder hinfällig sein könnte. Im Gegenteil kritisiert man medial die »Lifestyles of the Rich and Shameless«, wie eine Rubrik auf CNN heißt (eine ironische Verkehrung des bekannten »Lifestyles of the rich and famous«) und mahnt eine verantwortungsbewusstere Haltung der Gutverdiener an: »Nicht so schnell, ihr gierigen Bastarde« titelt etwa die »New York Post«. Und auch die deutsche Bundeskanzlerin Angela Merkel schlug Ende November 2009 in die gleiche Kerbe, als sie »manch einen im Finanzsektor« ansprach, der schon wieder »eine ziemlich große Lippe« riskiere.

Das Ende des Bling-Bling

Der neue Konsumtrend Diskretionismus unterscheidet sich deutlich vom Designtrend Minimalismus. Hier wie dort geht es um den versteckten Luxus, ein Bedürfnis der Konsumenten nach Bescheidenheit – und Ernsthaftigkeit. Während dieses beim Minimalismus der letzten Jahrtausendwende aber vornehmlich durch das simple Weglassen, das passive Verbleiben in einem rohen Zustand erreicht wurde (unbehandelte Hölzer, wenige Funktionen, schlichte Anmutung etc.), geht es beim Diskretionismus-Trend heute um mehr. Das Prinzip lautet: vorher extra viel Aufwand betreiben, um hinterher möglichst wenig aufzufallen.

Und das lässt sich unter anderem auf der Designebene gut nachzeichnen: Seit wenigen Monaten arbeiten Autotuning-Betriebe wie Carbon-Skin (www.carbonskin.co.uk) oder Cam Shaft (www.folientechnik.camshaft.de) am Verstecken ehemals glänzender, hauptsächlich schwarzer Oberflächen. Dazu werden die einzelnen Teile aufwendig mit Folie bezogen, übrig bleibt ein mattes Schwarz, das seinen Besitzer als Mitglied einer designerischen Avantgarde auszeichnet. Gleiches lässt sich in Einrichtungshäusern, Schmuckabteilungen oder Elektrofachgeschäften beobachten: Ehemals glänzende Oberflächen werden mit einem matten Lack behandelt. Mattschwarze Armbanduhren, Kerzenständer, Küchengeräte oder Musikgeräte wirken merkwürdig zweidimensional, strahlen Askese und Selbstbezogenheit aus, als würden sie sich von der Außenwelt abkapseln wollen. Die lichtundurchlässigen Oberflächen verweisen auf eine kollektive Ernüchterung nach dem Einbrechen der Wirtschaft und verweisen das Bling-Bling vergangener, glänzender Tage endgültig in die Ecke der Geschmacklosigkeit.

Rückblick

Vom Mass-Costumization und der großen Marktspaltung zum Diskretionismus

Waren die Jahre zu Beginn des neuen Jahrtausends geprägt von dem Bedürfnis nach individualisierten Produkten, die vom Konsumenten mit viel Mühe und Liebe selbst gestaltet wurden, so sehnen wir uns in der nächsten Dekade nach den Gegenständen, die nicht jeder hat, und die uns selbst aber auch nicht so viel Arbeit bescheren. Konsumkompetenz, das meint in Zukunft nicht mehr, alles selbst auswählen und zusammenstellen zu müssen, sondern sich wieder auf die Pre-Selection der Marken-Hersteller (und der unseres Netzwerks, siehe Kapitel »Dialogisierung«) verlassen zu können. Ihrem Engagement ist es zu verdanken, wenn sich die Menschen in Zukunft dem Diskretionismus-Trend hingeben können. Auf eine gewisse Art und Weise wird damit auch die große Marktspaltung relativiert.

Zwar ist unbestritten, dass die Schere zwischen Arm und Reich weiter aufgegangen ist, und sich an dieser Situation auch künftig nichts ändern wird. Doch zeigen gerade die Beispiele aus dem Bereich des neuen Luxus, dass sich Preisbewusstsein und Exklusivität nicht mehr ausschließen müssen – und damit auch neuer Konsumraum für mittelpreisige Angebote geschaffen wird. Nicht alles, was teuer ist, entspricht dem veränderten Luxusbewusstsein, nicht alles, was als Luxus empfunden wird, muss teuer sein. Im Gegenteil zeigt auch ein Konsumtrend wie der Diskretionismus, dass die Nischen in den nächsten Jahren nicht nur entlang der alten Pole billig-teuer, stylisch-geschmacklos gefunden werden können. Neue Kombinationen aus preiswert und designt zum Beispiel werden die Märkte neu beleben.

Diskretionismus: Dezent, aber keineswegs bescheiden

In diesem Sinne geht es den Statussymbolen in der Konsumwelt von morgen gehörig an den Kragen, andere Funktionen werden künftig wichtiger: Das Objekt wird immer stärker zum Selbstausdruck seines Besitzers, vermittelt soziale Zugehörigkeit und fungiert in Zeiten stetiger Veränderungen als wichtiger Stabilitätsanker. Denn selbstverständlich sind die Sachen, die uns umgeben, nicht einfach nur nützlich oder eine Quelle von Freude. Die Verhaltenspsychologie weist nach, dass wir unseren Besitz bewusst oder unbewusst als einen Teil von uns selbst betrachten. Er ist eine wichtige Komponente unseres Identitätsgefühls und eine der ersten Möglichkeiten, Veränderungen im Selbst nach außen zu tragen.

Deshalb ist es auch wenig erstaunlich, dass sich unsere Konsumbegierden jetzt in der Erfahrung der Krise wandeln: Was vorher freizügig zur Schau getragen wurde, wird jetzt versteckt, was früher glänzte, wird heute matt gestrichen, was immer selbstverständlich war, muss neuerdings erarbeitet werden. Wer darin aber nun das Ende allen Luxus' wähnt, sieht sich getäuscht: Der Trend Diskretionismus macht Schluss mit dem Posen und Aufschneiden, und eröffnet eine Konsumwelt des Dezenten und Schlauen, in der, keine neue Bescheidenheit ausgerufen, sondern sich ein neues Understatement breitmacht. Die Designermarken zum Beispiel verlassen die Sphäre des Luxus und erobern neuartige Outlet Center – Luxus-Shopping-Dörfer wie das »B5 – Designer Outlet Berlin« (www.designeroutletberlin.de) unweit der Hauptstadt anstelle von innenstädtischen Flaniermeilen. Hier gibt es keine billigen Fabrikhallen mehr wie in den Anfangstagen des Outlet-Shoppings, sondern Häuschen mit aufgemalten Fachwerkbalken, einen Marktplatz, Straßenlaternen und eine Dorfbank. Die Marken-Labels, darunter Calvin Klein, Villeroy & Boch und Strenesse, residieren in eigenen Boutiquen, die Kunden erwarten Preisvorteile, aber keinen Ausverkauf.

Funktion und Anmutung von Materiellem im Lauf der Zeit

Askese	Luxus	Diskretionismus
Symbole des idealen Selbst	*Symbole des zukünftigen Selbst*	*Selbstausdruck*
Konsum-Verzicht	*Statussymbol*	*Eigensouveränität*
Rückblick	*Hier und Jetzt*	*Ausblick*
Idealistische Zugehörigkeit	*Monetäre Zugehörigkeit*	*Soziale Zugehörigkeit*
Roh	*Glänzend*	*Matt*
Unbehandelt	*Aufgemotzt*	*Smart optimiert*

Quelle: Zukunftsinstitut 2010

Demonstratives Understatement erreicht die Luxus-Märkte

Andere Luxusanbieter gehen den umgekehrten Weg, und konzentrieren sich in ihrer Absatzstrategie neuerdings verstärkt auf das E-Commerce – und machen dort beachtliche Gewinne. 95 Millionen Euro hat zum Beispiel Net-a-Porter (www.net-a-porter.com), ein Internetshop für Designmode, im Jahr 2008 umgesetzt. Und selbst hier ist der Diskretionismus-Trend bereits angekommen. Auf einer Fachkonferenz mit internationalen Markenchefs und Modemachern in Berlin Ende November 2009 berichtete die Gründerin, Natalie Massanet, dass sie von Kundinnen gebeten worden sei, die Designstücke diskreter zu verpacken. Der Grund: Man wolle sich das Gerede der Nachbarn und Kollegen ersparen. Seitdem verschickt Net-a-Porter ab der zweiten Bestellung nur noch schlichte, braune Schachteln. »Es ist wie ein reinigendes Gewitter, die Marken besinnen sich, setzen wieder auf Handwerk, Luxus wird subtiler«, analysiert Uché Okonkwo, von Luxe ETC-Business Strategy & Management Consultancy Company, die unter anderem Louis Vuitton und Gucci beraten.

*Der Diskretionismus-Trend und die neuen Lebensstile**

Der Diskretionismus findet seine Entsprechung in nahezu allen Lebensstilgruppen. Das hängt damit zusammen, dass es sich bei diesem Konsumtrend um ein Grundbedürfnis aller Verbraucher handelt: Wer würde schon von sich behaupten wollen, dass er am liebsten billigen Mainstream einkauft, den jeder zuhause stehen hat? Zudem konnten wir ausführen, dass es den Diskretionismus in allen Preislagen gibt, was ihn sowohl für die Jüngeren auf der Suche nach Identität und Gemeinschaft attraktiv macht als auch für die finanziell gebeutelten Familien, die nach Produkten jenseits des Ikea- und Familienurlaub-Common Senses suchen. Doch natürlich sind es gerade solche Lebensstilgruppen wie die Young Globalists, die Tiger-Ladys oder die Super-Grannys, die vorher Energie (und Geld) aufbringen, also Aktionismus an den Tag legen, um hinterher einen exklusiven und diskreten Genuss erleben zu dürfen.

Eine zweite Lebensstil-Selektierung wird zudem durch den Faktor der Vernetzung begründet. Von einer Vielzahl der typischen Diskretionismus-Produkte wird man nur erfahren, wenn man sich gut vernetzt und souverän im Internet bewegt, wie es sowohl die Inbetweens als auch die Netzwerkfamilien und die Silverpreneure tun. Informelle Informationen, virale Verbreitungskanäle und spontane Kundgebungen entsprechen dem Bedürfnis nach Exklusivität, also Ausschluss der breiten Masse. Diskretionismus-Produkte und – Dienstleistungen müssen nicht bei allen bekannt sein, die wahren Kenner und Fans werden schon in den Genuss kommen.

*Siehe Kapitel »Kurzdefinitionen Lebensstile 2020«

Der Diskretionismus-Trend konzentriert sich auf das Wesentliche – und läutet das Ende der Zuvielfalt ein

Matthias Stolz und Ole Häntzschel haben in ihrem Zahlenbuch »Die große Jahresschau. Alles, was 2010 wichtig ist« ausgerechnet, dass es bei Starbucks 87.000 Kaffee-Kombinationen gibt, aus denen der Kunde wählen kann. Auf 65.512 mögliche Sandwich-Konstellationen kommen die Autoren bei Subways, im Vergleich dazu erscheint eine Auswahl aus den 16 unterschiedlichen Abo-Angeboten des Pay-TV-Senders Sky fast schon als eine leichte Aufgabe. Kein Zweifel also, das individuelle Massenprodukt hat sich in vielen Branchen in den letzten Jahren zu einem festen Bestandteil des Verkaufskonzeptes entwickelt. Bei der zunehmenden Mass-Customization in den Branchen darf aber auch nicht vergessen werden, dass die unzähligen Alternativen, zwischen denen der Konsument heute entscheiden darf, zwar seine Konsummöglichkeiten maximieren, zugleich aber auch eine Komplexitätssteigerung des Angebots bedeuten. Der persönliche Stress-Level wird dadurch erhöht, weil der Konsument heute auch im Konsumalltag immer mehr Entscheidungen treffen muss.

Hersteller, die dieses Problem erkennen und den Konsumenten künftig Produkt- und Service-Lösungen anbieten, die diese Zuvielfalt ein Stück weit vereinfachen, gehören auf den Märkten von morgen zu den Gewinnern. Auch hier gibt es bereits heute einige Beispiele:

Einfach nur einfach filmen: Der Flip Video Camcorder von Pure Digital Technologies ist ein simpler Camcorder, der aufgrund seiner sehr einfachen Handhabung nicht selten mit dem iPod von Apple auf eine Stufe gestellt wird. Der CEO von Pure Digital, Jonathan Kaplan, gab seinen Entwicklern bewusst die Anweisung, auf alle unnötigen Knöpfe, Funktionen und Extras zu verzichten und sich nur auf die Grundfunktion eines Camcorders zu konzentrieren: dem Filmen und dem unkomplizierten Übertragen auf den Rechner, ohne dabei an Qualität einzubüßen. Aus gutem Grund: Der Großteil der Nutzer kennt nur etwa die Hälfte der Funktionen seiner technischen Geräte, Handybesitzer beispielsweise nutzen nur drei weitere Funktionen neben dem Telefonieren: SMS, Wecker und die Kamera (www.theflip.com).

Gesunde Pre-Selection mit Erinnerungsfunktion: Die Firma Graze in England bietet mit ihrer Gesundheitsbox »5 a day« eine automatische und regelmäßige Vitaminzufuhr an. Täglich wird eine Box mit ausgewählten frischen Früchten, Nüssen, Oliven, Trockenobst, Crackern etc. (natürlich alles frei von Zusatzstoffen) nach Hause oder ins Büro geliefert. Der Kunde muss nur einmal bei der Anmeldung angeben, was er »mag«, »liebt« oder »mal gerne probieren möchte«. Die tägliche Auswahl erfolgt dann durch Graze (www.graze.com).

Dass man auch mit einer sehr deutlichen Reduzierung eines Produkts erfolgreich sein kann, beweist der Kapsel-Deckel »Bouchon Capsule«. Die Kapsel der französischen Firma Delo wird einfach auf eine handelsübliche 0,5 Liter Wasserflasche geschraubt, wodurch sich ein Reservoir öffnet aus dem eine Getränkemischung aus Pflanzenextrakten und Vitaminen in die Flasche läuft. Garantiert und 100 % mit natürlichen Inhaltsstoffen. Insgesamt gibt es sechs verschiedene Geschmacksrichtungen. Wer sich also in der Vielzahl der Functional-Food-Drinks nicht mehr zurechtfindet, der kann – je nach Stimmungslage – u.a. wählen zwischen Energie, Sexy, Balance (Equilibre) und Entstressung (Destress) (www.boiredelo.com).

»Man kann sogar Erfolg haben, wenn man auf das scheinbar Unverzichtbarste verzichtet – auf das Produkt nämlich«, erklärt Marketingberater Dieter Brandes am Beispiel des Discount-Segments. Brandes weiter: »Ein Discount-Ansatz ist in jeder Branche möglich. Er zeichnet sich dadurch aus, etwas bisher Typisches weg zulassen«. Es lassen sich durchaus Parallelen zum Diskretionismus-Trend ziehen. Denn auch hier geht es nicht mehr nur darum, noch günstigere, noch individualisiertere Produkte als die Konkurrenz anzubieten. Diskretionismus steht auch für eine Simplifizierung des Konsumalltags, in dem die Konsumenten nicht mehr mit unnötigen Zusatzaufgaben beschäftigt werden wollen. Dahinter steckt auch das Verlangen der Konsumenten nach mehr Einfachheit und Normalität.»

Discount-Durchbrüche von gestern und heute (und morgen?)

Branche	**Verzicht auf**	**Unternehmen**	**Einführung**
Auto	*Modellvielfalt*	*Ford*	*1908*
Einzelhandel	*Laden*	*Gottlieb Duttweiler*	*1925*
Buchverlag	*Einband*	*Rohwohlt*	*1946*
Einzelhandel	*Sortiment*	*Aldi*	*1946*
Möbel	*Zusammenbau*	*Ikea*	*1956*
Fluglinien	*Drehkreuz*	*Southwest Airlines*	*1973*
Computer	*Fertigprodukt*	*Dell*	*1996*
Bildung	*Lehrer*	*?*	*?*
Auto	*Elektronik*	*?*	*?*
Mobilfunk	*alles ausser Telefon*	*?*	*?*

Quelle: GDI Impuls 01/09, »Die Kunst des Weglassens«, Dieter Brandes

Begrenzte Verfügbarkeit: Vom immerbereiten 24/7-Angebot zur künstlichen Verknappungstaktik

Einige Unternehmen haben in der Konzentration auf das Wesentliche (wieder) ein Erfolgskonzept für die Zukunft entdeckt. Portfolios werden ausgedünnt und in der Vergangenheit diversifizierte Dachmarken wieder zusammengefasst. Auch im Marketing findet immer häufiger eine klare Konsumentenansprache statt. Beispielsweise VW mit »Das Auto« oder die Schuhmarke Tamaras, die nichts außer dem Produkt selbst präsentieren: »Wir zeigen das, was wir am besten können, und das ist der Schuh«, erklärt Tamaris Geschäftsführer Jens Beining den Marketing-Ansatz. Für die Konsumenten ist diese Entwicklung ein Segen, sorgt sie doch für weitere Klarheit, Einfachheit und mehr Orientierung im Konsumalltag.

Aber auch die Unternehmen, die keine größeren Veränderungen am Produktsortiment oder der Kommunikationsstrategie vornehmen möchten, können mit ganz einfachen Mitteln von diesem neuen Bedürfnis der Konsumenten profitieren. Durch so genannte Pop-up-Shops, bei denen Markenbetreiber Einzelstücke in Shops anbieten, die nur für einen begrenzten Zeitraum ihre Türen öffnen und danach wieder in der Versenkung verschwinden. Diese künstliche Verknappung erhöht nicht nur die Attraktivität der Produkte, sondern kanalisiert auch die Aufmerksamkeit der Konsumenten besser und lenkt gezielter auf ein bestimmtes Ereignis resp. Produkt hin. Denn die vorübergehenden Shops sind meist an eine bestimmte Aktion gekoppelt, die den Konsumenten bewusst macht, dass etwas schwer zu kriegen ist, und somit – passend inszeniert – besonders begehrenswert werden kann.

Pop-up-Märkte für Design und Kunst: »Weihnachts.Shopping.Lounge« nennt sich der Verkaufsevent von »Holy Shit Shopping«, der nun seit sechs Jahren Kunst und Design an verschiedenen Orten präsentiert. Mit einer wilden Mischung aus Mode-, Schmuck- und Produktdesign, Kunst, Fotografie, Graphik, Comics und Literatur macht der vorweihnachtliche Pop-up-Markt halt in Berlin, Hamburg, Köln und Stuttgart. Die Veranstalter wollen Nachwuchsdesignern und jungen Künstlern eine Plattform bieten und neue Vertriebswege zu erschließen helfen (www.holyshit-shopping.de). Auch die Betreiber des »Kunstsupermarktes« richten den Kunstverkauf an den meisten ihrer Standorte nur zur Zwischenmiete ein (www.kunstsupermarkt.de).

Das Modelabel »Comme des Garçons« setzt seit geraumer Zeit auf das Pop-up-Prinzip. Allenthalben eröffnen zeitlich befristete Guerilla-Stores in abgehalfterten Gebäuden, in denen eine aktuelle Modestrecke präsentiert wird. Der jüngste Store liegt in der Rue du Perche im Pariser Haut-Marais. Und der italienische Fashion-Remarketer Lila Group sucht für seine »Temporary Touch & Go Stores« Einzelhandelsflächen von 200 bis 3.000 Quadratmetern Größe in der City, aber auch in Shopping Malls und in Outlet Villages (www.temporary-touchandgo.com).

Konsequent weitergedacht hat die Pop-up-Idee der Niederländer und C&A Spross Alexander Brenninkmeijer. Er hat mit »Clemens en August« (www.clemens-en-august.com) ein ganzes Pop-up-Label gegründet, das weltweit in keiner einzigen Boutique, in keinem Kaufhaus verkauft wird. Auch Modeschauen gibt es keine, nur zweimal im Jahr tritt das Label physisch in Erscheinung. Immer im Frühling und im Herbst wird die minimalistische Mode in Museen und Galerien weltweit verkauft – allerdings residiert »Clemens en August« auch bei dieser Tournee nur für jeweils drei oder vier Tage an einem Ort, im letzten Herbst unter anderem in Berlin, Hamburg, Zürich, Wien, London, Tokio.

Prognose 2020

Wer in Zukunft mit Luxus Geld verdienen möchte, sollte sich genau überlegen, welche Art der Exklusivität am besten zu seiner Marke passt. Ist es eine Alleinstellung über den Preis, die Qualität, die Attitüde? Oder sollte er sich nicht doch eher auf die Funktionalität, die Einfachheit, das sinnliche Erleben konzentrieren? In der Konsumwelt der Zukunft werden die Menschen bereit sein, auch das Discount-Prinzip mit höheren Preisen zu entlohnen – Discount impliziert, dass Unnötiges weggelassen wird, Geschäftsmodelle vereinfacht werden. Der dahinter stehende Konsumtrend lässt sich unter dem Begriff des Diskretionismus zusammenfassen. Diskreten Aktionismus legen die Menschen an den Tag, um an die Dinge zu kommen, die künftig wahren Luxus bedeuten: Produkte, die nicht jeder hat, gekauft in Geschäften, in denen nicht jeder einkauft, in einem Style, der auffällt, weil er so unauffällig ist. Und das können intelligente und gut designte Alltagshelfer genauso sein wie neue Luxusgegenstände; es kann sich um ein Abendessen in einem Restaurant handeln, das es nächste Woche schon nicht mehr geben wird, oder um eine Urlaubsreise an einen Ort, wo die einfachen Dinge mit Liebe durchdacht werden. Wer mit dem Flugzeug anreist, bucht dann vielleicht passend dazu ein Ticket in der neuen Flugklasse »Premium Economy«, wo Komfort und Service zu angemessenen Preisen angeboten werden. Denn auch das meint Diskretionismus: Ein Preis-Leistungs-Verhältnis, das dem Anlass und dem Aufwand angemessen scheint.

Neo-Urbanismus

Leben in der Stadt bedeutet für mich vor allem mehr Lebensqualität!

Seit einigen Jahren zeichnet sich ein deutlicher Trend ab: Immer mehr Menschen zieht es nach Jahren der Flucht in die ländlichen Gegenden wieder zurück in die Stadt. Ganz gleich ob jung oder alt, Familie oder Single – die Lust auf Stadt ist wieder da. Dafür verantwortlich sind eine ganze Reihe großer gesellschaftlicher Entwicklungen: die Globalisierung, die sich aus den Städten heraus besser organisieren lässt, die Sehnsucht nach individueller Mobilität, die nicht an Stadtgrenzen oder durch immer teurer werdende Energie begrenzt werden soll und nicht zu vergessen der demographische Wandel, der die Städte zu einem neuen Schmelztiegel der Generationen werden lässt. Mag es in manchen Regionen für junge Familien noch immer attraktiver (und bezahlbarer) sein auf dem Land oder zumindest vor den Toren der Stadt zu leben, so wird das Bedürfnis nach Stadt, nach kultureller Abwechslung und wechselnden Konsumangeboten in den nächsten Jahren weiter zunehmen. Für viele Unternehmen unterschiedlicher Branchen werden Städte in den nächsten Jahren immer wichtiger werden: Sie haben die Funktion einer Petrischale, hier kann ganz genau beobachtet werden, wie Konsumtrends entstehen, ob neu umgesetzte Produktideen Marktreife erlangen, innovative Marketingkonzepte Anklang finden und wie sich die Bedürfnisse der Konsumenten in Zukunft entwickeln werden.

Neo-Urbanismus: Neue Konsumangebote für die moderne Sesshaftigkeit

Neo-Urbanismus, das bedeutet auch ein Sesshaft-werden all jener Menschen, für die der Lebensstil eines flexiblen Wissensarbeiters keine Besonderheit mehr darstellt. Diese Neo-Nomaden erleben heute, dass auch sie zeitweise eine feste Basis brauchen, einen zentralen Ort und Lebensmittelpunkt, um – nicht zuletzt – ihre (Konsum-)Bedürfnisse und -Neigungen einfacher und angenehmer zufrieden stellen zu können. Dabei wollen sie natürlich gleichzeitig nichts von ihrer Flexibilität einbüßen und entscheiden sich immer öfter bewusst für den Wohnsitz in der Stadt. Künftig werden damit eine Reihe neuer Konsumbedürfnisse entstehen, die sich zuallererst an die Stadt- und Wohnungsarchitektur richten. Gefragt sein werden Räume und Gegenden, die sich flexibel den Veränderungen der eigenen Lebensumstände anpassen lassen (siehe auch das Kapitel »Multi-Tool-Design«). Aber nicht nur. Zu einer modernen Sesshaftigkeit in der Stadt gehört auch die ständige Möglichkeit, sich einfach und für eine bestimmte Zeit an einem anderen Ort niederlassen zu können. Zu den ersten Profiteuren des Neo-Urbanismus-Trends gehören deshalb Anbieter wie MyPlace SelfStorage (www.selfstorage.de), die sich als flexibler Lagerservice für modernes innerstädtisches Wohnen auf die multilokalen Wohnbedürfnisse der modernen Städter eingestellt haben.

Zwischen Hotelzimmer und den eigenen vier Wänden: Eine ideale Wohnlösung für moderne Städter sind die so genannten Boardinghäuser. Diese Zeit-Unterkünfte garantieren temporäre Sesshaftigkeit bei gleichzeitiger Flexibilität und sind auf Dauer nicht nur eine bequemere, sondern auch eine kostengünstigere Alternative zum klassischen Hotelzimmer. Boardinghäuser befinden sich bevorzugt in zentral-urbaner Lage mit guter Verkehrsanbindung und sprechen bisher besonders Geschäftsreisende und Berufswechsler an. In den USA leben aber auch immer mehr Privatpersonen (für mehrere Jahre) in Boardingshäusern. Die durchschnittliche Aufenthaltsdauer in Deutschland liegt im Schnitt bei etwa 4 Wochen. Dass es sich bei den Boardinghäusern um einen expandierenden Markt handelt, belegt eine Studie des Instituts für Immobilienwirtschaft von Georg & Ottenströer Immobilien Consulting: die Zahl der Übernachtungen hat sich von 2004 bis 2008 auf 1,2 Millionen verdreifacht. Marktführer in Deutschland ist Derag Hotel and Living (www.deraghotels.de). Auch ausländische Ketten drängen inzwischen auf den deutschen Markt. Seit 2009 bietet beispielsweise die australische Kette Toga Hospitality ihre Boardinghäuser auch in Frankfurt am Main und in der Hauptstadt Berlin an (www.toga.com.au/adina-apartment-hotels).

Jederzeit zum Aufbruch bereit – exklusives Wohnen im Kraftwerk: Wer es hingegen ein bisschen exklusiver und abwechslungsreicher mag, für den bietet die niederländische Agentur Camelot Property eine praktische Wohnlösung an. Die Idee von Camelot: Eigentümer von leerstehenden Gebäuden mit Mietern zusammenbringen, die nicht nur günstig, sondern auch individuell und vor allem flexibel leben wollen. Der Vorteil für die Eigentümer: Ihr Besitz wird vor Vandalismus, Einbruch und illegaler Hausbesetzung geschützt. Dem urbanen Nomadentum bietet sich so auch schon mal die Möglichkeit in einer Kirche, in einem Krankenhaus, Kloster, Pub oder einem leerstehenden Kraftwerk zu wohnen – gegen eine geringe Service-Gebühr und jederzeit wieder zum Aufbruch bereit. Die Agentur Camelot befindet sich seit seiner Gründung Anfang der 1990er Jahre auf Wachstumskurs und ist inzwischen in sieben weiteren europäischen Ländern aktiv. Für dieses Jahr hat Camelot den Markteintritt in Deutschland geplant (www.cameloteurope.com).

Rückblick

Von den Business Nomads zum Neo-Urbanismus

Die Business-Nomaden von gestern sind müde geworden. Ihr Lebensstil des permanenten Unterwegsseins zwischen den Welten strengt auf Dauer an. Die Sehnsucht nach einer Basis wächst – auch wenn dies nur einen weiteren Zwischenstopp darstellt. Der Business-Nomade von damals genießt heute mehr und mehr die Annehmlichkeiten einer neuen urbanen Nomadenkultur: er freut sich über Produkte aus der Region, die er sich an jeden Ort der Welt nachschicken kann, über die Möglichkeiten der neuen Stand-by-Kommunikation, die es ihm leichter machen den Kontakt zu seinen Freunden nicht abreißen zu lassen, sowie die Vielzahl an Frequent-Flyer oder Frequent-Traveller-Programmen, die ihn zum Avantgardisten einer neuen Unterwegs-Kultur edeln. Vom Check-in bei den Airlines bis zum Speichern seiner Vorlieben im Hotel hat die neue Technik seinen Alltag erleichtert – wenn er sich dann noch für ein urbanes Hauptquartier entscheiden kann, an dem nicht nur seine Sachen eingelagert sind sondern wirklich bereit stehen, wird aus einem Leben als Business-Reisender ein ansprechender urbaner Nomaden-Lifestyle.

Multiflexible Lebens-Arbeits-Areale sind gefragt: Im Zuge des Neo-Urbanismus-Trends spielt auch der Megatrend New Work künftig eine entscheidende Rolle. Die Arbeitswelt hat sich in den letzten 10 Jahren deutlich gewandelt, u.a. ist dadurch heute die Ausübung einer beruflichen Tätigkeit nicht mehr unbedingt an einen festen Ort gebunden. Gerade in den Städten tummeln sich immer mehr Mobile Worker, die von unterwegs aus arbeiten, bisher vor allem Kreative und Freiberufler. Nach einer Untersuchung des Fraunhofer Instituts für Arbeitswelt und Organisation, üben inzwischen aber auch immer mehr Angestellte ihren Job von unterwegs aus: Fast genauso hoch (25 Prozent) wie die Zahl der Angestellten, die ständig an einem festen Schreibtisch sitzt (26 Prozent). Anbieter wie WorkSnug (www.worksnug.com) und Company Hotel (www.company-hotel.de) haben auf die mobile Arbeitswelt bereits Antworten gefunden.

Die Sub-Urbanisten kehren zurück in die Stadt – ein neues Mobilitätszeitalter beginnt

In den nächsten Jahren werden wir durch den Neo-Urbanismus-Trend erleben, wie sich die Stadt-Land-Flucht wieder umkehrt. Während wir die Folgen des Abwanderns in die Suburbs derzeit noch deutlich an den Pendlerbewegungen nachzeichnen können – noch immer sind laut Statistischem Bundesamt 59 Prozent der Deutschen beim Weg zur Arbeit auf das eigene Auto angewiesen – wird es künftig genau dieses Fehlen persönlicher (Auto-) Mobilität sein, das den Rückweg in die Städte bereitet. »Die Erhöhung der Mobilitätskosten sowie die Alterung der Bevölkerung tragen zu den Rekonzentrationsprozessen wesentlich bei«, erläutert Philipp Oswalt, Leiter des Projekts »Shrinking Cities« (www.shrinkingcities.com). Ein Blick auf die Mobilitätsmärkte zeigt uns, dass Städte sich damit künftig auch auf ein neues Mobilitätsverhalten der Konsumenten vorbereiten müssen. Der moderne Städter von morgen verlangt nach Lösungen und Services, die ihn in seiner Mobilität unterstützen und sich flexibel in seinen beruflichen und privaten Alltag integrieren lassen.

Unterwegssein in den Städten von morgen

Anteil der benutzten Fortbewegungsmittel in Münster

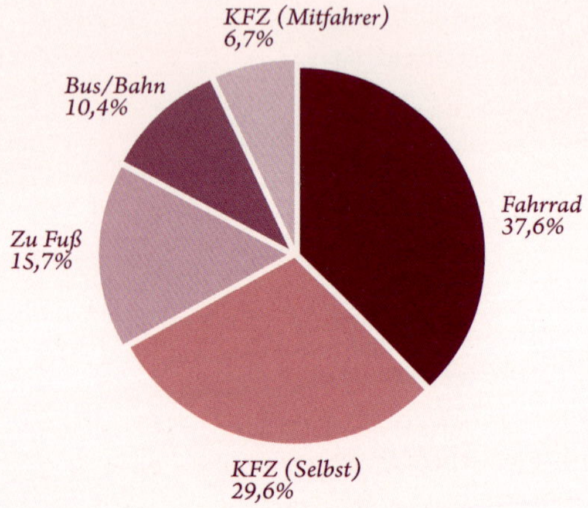

Quelle: Amt für Stadtentwicklung, Stadtplanung Verkehrsplanung der Stadt Münster, 01/2008

Car-to-go statt Car-Sharing: Einen Schritt weiter als das sehr erfolgreiche Car-Sharing-Konzept (alleine im letzten Jahr ist die Zahl der deutschen Car-Sharer um fast 20 % gestiegen) geht das Car2Go-Prinzip des Autoherstellers Daimler. In Anlehnung an das Call-a-Bike-Konzept der deutschen Bahn verleiht Daimler Autos genauso flexibel wie die Deutsche Bahn ihre Fahrräder. Anders als beim Car-Sharing muss das Auto also nicht vorher reserviert und nach Benutzung an einen bestimmten Ort zurückgebracht werden, sondern kann einfach am Zielort abgestellt werden. Die Abrechnung erfolgt im Minutentakt, 19 Cent pro Minute inklusive aller Nebenkosten. Vor etwa einem Jahr startete das Pilotprojekt in Ulm, bis heute hat Daimler weit mehr als 100.000 Fahrten abgerechnet. Dass der Autohersteller damit verstanden hat, dass vor allem die urbanen Neo-Nomaden flexiblere Mobilitätsbedürfnisse haben, zeigt nicht nur das steigende Interesse zahlreicher anderer Städte an dem Projekt. In diesem Jahr wird Peugeot mit seinem flexiblen Mobilitätsservice »Mu by Peugeot« in Berlin an den Start gehen und künftig über eine Prepaid-Karte Fahrräder, Scooter, PKW und Transporter vermieten (www.car2go.com, www.mu.peugeot.fr).

Geteilte Mobilität: Mitfahren statt Selbstfahren. Seit dem Start im April 2001 haben sich weit über 700.000 Nutzer auf Mitfahrgelegenheit.de registriert. Regelmäßig stehen zwischen 130.000 und 160.000 Angebote und Gesuche zum Abruf bereit. Im Oktober 2009 verzeichnete die Online-Plattform rund 2,8 Millionen Besucher (Visits) und über 30 Millionen Seitenaufrufe. Seit einiger Zeit haben die Nutzer auch die Möglichkeit Bustickets für über 350 Destinationen in Deutschland und Europa zu buchen (www.mitfahrgelegenheit.de).

*Neo-Urbanismus und die neuen Lebensstile**

Der Trend Neo-Urbanismus findet seinen Niederschlag in einer ganzen Reihe von Lebensstilen. Da gibt es die Jüngeren, bei denen die Bereitschaft zur Mobilität deutlich gestiegen ist. 61 Prozent der 20- bis 35-Jährigen ziehen heute zwischen ein und vier Mal in ihrem Leben um, ein Fünftel sogar fünf bis neun Mal, wie TNS im Jahr 2009 repräsentativ für den »Spiegel« ermittelte. Etwa die gemeinschaftsorientierten CommuniTeens, die im digitalen Zeitalter das urbane Leben als eine »reale« Plattform mit kurzen Wegen nutzen, um ihr Netzwerk optimal zu organisieren und zu pflegen. Bei den Young Globalists besonders gefragt sind mobile Dienste und Produkte, die das Leben und das Unterwegssein in der Stadt erleichtern. Für die Latte-Macchiatos wird die »Genussformel Stadt« auch in den nächsten Jahren ein alternativloser Wohnsitz bleiben.

In der Gruppe der Mid-Ager sind es vornehmlich die Netzwerk-Familien, die sich vom Leben in der Stadt angezogen fühlen. Ihr patchworkartiges Zusammensein lässt sich mit den Möglichkeiten der Stadt besser organisieren. Und auch die Tiger-Ladys pflegen zum größten Teil einen urbanen Lebensstil. Sie sind finanziell und beruflich etabliert und genießen (als Single oder in Partnerschaft) neben der kulturellen Vielfalt und den reichhaltigen Konsummöglichkeiten der Stadt auch den Skyline-Blick von ihrer Dachterrasse. Immer häufiger entdeckt neuerdings auch die neue Alten-Generation die Vorzüge der Stadt. Mobil sein heißt für sie in erster Linie späte Aufbrüche wagen. So brauchen Silverpreneure die Stadt, um am kulturellen Leben teilzunehmen und ihre Berufstätigkeit als freier Berater oder ehrenamtlicher Mitarbeiter besser organisieren zu können. Die alles andere als grauen Super-Grannys schätzen an der Stadt vor allem die Möglichkeiten der klassischen Kultur als zentrale Freizeitoption.

**Siehe Kapitel »Kurzdefinitionen Lebensstile 2020«*

Aber auch der Ruf nach Alternativen zum Auto wird immer lauter: Vergessen werden darf nicht, dass im Mobilitätszeitalter des 21. Jahrhunderts das Autofahren in Städten mehr und mehr an Attraktivität verliert. Besonders bei der jüngeren Generation hat das Auto sein Image als Statusobjekt längst deutlich eingebüßt. Das Fahrrad avanciert in einigen Städten zum Fortbewegungsmittel Nummer 1. So wie in Deutschlands Fahrrad-Hauptstadt Münster, wo das Rad bereits vor zwei Jahren das Auto als beliebtestes und am meisten genutztes Fortbewegungsmittel abgelöst hat. Inzwischen hat sich dort eine richtige Service-Kultur um das Biken entwickelt. In Münster steht beispielsweise das größte Fahrradparkhaus Deutschlands mit jeder Menge Extra-Angeboten wie Reparaturdiensten und einer Waschstraße. Besonders eifrig zeigt man sich auch in Stuttgart: Die Stadt hat ein Leihsystem für Pedelecs (Fahrräder, die durch einen Elektromotor). Der Anteil des Fahrrads soll im innerstädtischen Verkehr Stuttgarts mittelfristig 20 % ausmachen, das ist die ehrgeizige Ansage der Stadt. Dass sich immer mehr Städte auf die neuen Mobilitätsbedürfnisse der Neo-Nomaden einstellen, zeigt aber auch die starke Verbreitung des inzwischen etablierten »Call a bike«- Konzepts der Deutschen Bahn: Ende 2009 gab es die Miet-Räder der Bahn bereits in 100 deutschen Städten.

Relevante Lebensstil-Veränderungen, verleihen dem Neo-Urbanismus-Trend künftig weiteren Antrieb

Denn auch die typischen, älteren Sub-Urbanisten, die mit ihrer Familie in jungen Jahren einst in ein Eigenheim im Grünen zogen, wollen im Alter mobil sein – und suchen (wieder verstärkt) Anschluss an das kulturelle Treiben und die abwechslungsreichen Konsumwelten in der Stadt. Mit der Folge, dass sich neben dem Mobilitätsverhalten künftig auch die Bedürfnisse der Konsumenten verändern. Konsum wird stärker in der jeweiligen Situation stattfinden, in der wir uns gerade befinden.

Relax to go: Sleeper Hoodie – Wegnicken beim Unterwegssein. War für den Business Nomaden noch das Powernapping die ideale Entspannung beim Unterwegssein, so braucht der mobile Städter seine Erholung doch noch ein bisschen stylischer und ortsflexibler. Der Snowboard- und Funktions-Fashion-Hersteller Burton hat dieses besondere Bedürfnis erkannt und mit seinem Kapuzenpulli »Sleeper Hoodie« darauf reagiert. Neben der iPod-Tasche mit Kopfhörerkanal, den Innentaschen mit Reißverschluss für Ausweise und Geld, einer Unterarmentlüftung zeichnet den Sleeper Hoodie aber vor allem seine besondere Kapuze aus. In ihr integriert ist ein aufblasbares Kopfkissen, um das dauerhafte Unterwegsein wirklich entspannend und so angenehm wie möglich zu gestalten. Außerdem enthält die Kapuze eine Schlafbrille, die beim Wegnicken vor dem Tageslicht schützen soll (www.burton.com).

Food & Entertainment & Shop für den Multi-Consumer: Die kulturelle Vielfalt und die individualisierten Lebensstile, die das neo-urbane Leben heute bereithält, zwingen Shop-Besitzer immer häufiger dazu, ihr Shop-Konzept möglichst offen und flexibel zu halten. Ein gutes Beispiel für ein solches Multi-Consumer-Konzept ist der »Double Club« in London. Modernes urbanes Entertainment, bei dem wechselnde Elemente aus den Bereichen Kunst, Kultur, Gastronomie und Shopping zu einer immer neuen Einheit verschmelzen. Je nach Tageszeit und Anlass werden die Räumlichkeiten einfach in eine Kunstausstellung, ein Café oder eine Bar mit Tanzfläche »geswitcht« – ohne umständliche Umbauarbeiten, jederzeit abrufbar durch flexibles Interieur. Die Gäste entscheiden dann einfach je nach Gemütszustand, was ihnen gerade am liebsten ist. Die Veranstalter beschreiben die Atmosphäre im »Double Club« treffend mit »Zustand der Unbestimmtheit« und lassen sich demnach auch überraschen, wohin das Projekt hinführen wird (www.thedoubleclub.co.uk).

Mobile Dienste steigern die urbane Lebensqualität – und sorgen für mehr Orientierung im Großstadtdschungel: Auch das mobile Internet erhält durch den Neo-Urbanismus-Trend weiteren Anschub. Noch vor einigen Jahren hätte niemand mit dem Durchbruch der Smartphones gerechnet, derzeit erleben sie eine ungeahnte Nachfrage. Auslöser dafür war das iPhone, das mit seinen inzwischen über 100.000 Hilfsprogrammen, den so genannten »Apps«, für nahezu jede Lebenslage eine Lösung bereit hält. Längst beschränkt sich die Smartphone-Zielgruppe nicht mehr nur auf Businessreisende, auch der normale Städter greift im Alltag immer häufiger auf die mobilen Alleskönner zurück. Beispielsweise, wenn er eine Mitfahrgelegenheit (www.carticipate.com) braucht, er die nächste Tankstelle, Apotheke oder Bank (www.tweakersoft.com/mobile/aroundme), seine Freunde (www.skype.com, www.qiro.net), ein Büro (www.worksnug.com) sucht oder er einfach nur per Handy die Straßenbeleuchtung einschalten möchte, um so die Ökobilanz seiner Stadt zu verbessern (www.dial4light.de).

Mobilitätserweiterung: Ein Rucksack für den Autokofferraum. Falls die Wahl des Fortbewegungsmittels in der Stadt dann doch auf ein Auto fällt, wird es in den meisten Fällen ein stadttauglicher Kleinwagen sein – meist auch mit einem (zu) kleinen Kofferraum. Für dieses Problem hat die Firma Arux aus München eine Lösung gefunden: einen Auto-Rucksack mit 120 Liter zusätzlichen Kofferraumvolumen, leicht montierbar, flach faltbar und ebenso als Rollkoffer einsetzbar (www.arux.com).

Städte und Kommunen befinden sich längst im Wettbewerb um die Neo-Nomaden

Auch bei den Städten ist die Einsicht angekommen, dass sich moderne Städter nicht mehr nur mit Willkommensgutscheinen für Brot und Wurst oder einer kostenlosen DVD mit den schönsten Sehenswürdigkeiten für eine bestimmte Stadt als Wohnsitz begeistern lassen. Viele Faktoren spielen bei der Standortwahl eine Rolle, ein immer wichtiger werdender ist die Nähe zum Konsum resp. die Attraktivität der Fußgängerzone. Denn in den urbanen Zentren entstehen künftig Innovationen, von denen maßgeblich das Wachstum der nächsten Dekade ausgehen wird. So herrscht in den Fußgängerzonen nach dem Kaufhaussterben alles andere als Stillstand. Die Innenstadtlage ist wieder sehr begehrt, abgelegene Einkaufszentren sind out – nicht zuletzt, weil sie dem Konsumenten hohe Mobilitätskosten abverlangen. Das Ende der Warenhaus-Arä bedeutet also keineswegs die Verödung der Innenstädte, wie allzu oft negativ spekuliert wurde. Investoren, Bauherren und Händler haben die Stadt wieder entdeckt, und machen sie zur neuen »grünen Wiese«. Zwei Beispiele:

Innenstadtlage als Kaufargument: Auch Lebensmitteleinzelhändler Rewe hat deshalb seine Strategie geändert und konzentriert sich nun stärker auf Märkte Stadtlage, die ohne Parkplätze auskommen und gut zu Fuß erreichbar sind. Stefan Koof, Leiter der nationalen Expansion der Rewe Group, erklärte den Strategiewechsel im vergangenen Jahr in einem Interview mit dem Handelsjournal (05/09): »Der Preis ist nur in 3 von 10 Fällen entscheidend für die Wahl der Einkaufsstätte. Aber bei 7 von 10 ist es die Lage.«

IKEA goes City: Auch ein anderer Riese des abgelegenen Gewerbegebiets migriert hierzulande demnächst in die Stadt. In Hamburg Altona soll entstehen, was in Großbritannien bereits an drei Standorten erfolgreich funktioniert: der Ikea City Store. Auf 20.000 Quadratmetern und sieben Stockwerken soll der deutschlandweit erste IKEA-City-Store errichtet werden. Ende Januar diesen Jahres gab es per Bürgerentscheid die Genehmigung für das Bauverfahren. Die Eröffnung des Stores ist für 2012 geplant.

Was macht eine Stadt zur Stadt?

Von je 100 Befragten denken beim Leben in der Stadt, vor allem an

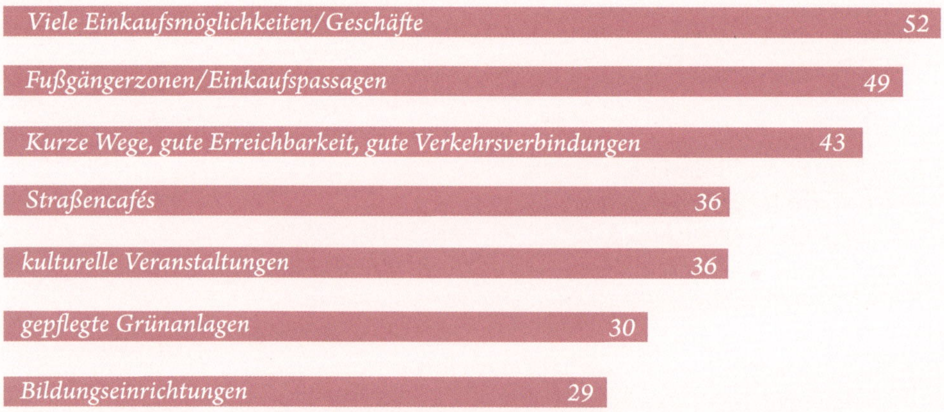

Quelle: BAT Freizeit-Forschungsinstitut, 2009

Prognose 2020

Mobilität wird in den nächsten Jahren der entscheidende Treiber für den Neo-Urbanismus-Trend bleiben. Trotz Klimadebatte und Wirtschaftskrise wächst der Wunsch nach unabhängiger und individueller Mobilität weltweit weiter, so dass unsere Gesellschaft in den nächsten Jahren von einer starken Konsumenten-Mobilität geprägt sein wird. Auch der Konsum in den Städten wird immer stärker von unterwegs aus stattfinden. Gerade an den typischen Mobilitätsschnittstellen wie Bahnhöfen, Flughäfen, Raststätten, Bike-Stationen etc. entstehen ständig neue Bedürfnisse, weil die Konsumenten zwischen unterschiedlichen Lebenssituationen hin und her »switchen« müssen. Anders als zu Zeiten, in denen vor allem die Business-Nomaden die Mobilitätsavantgarde ausmachten und für die Umsätze in den Transiträumen sorgten, hat sich das Unterwegssein inzwischen als ein allgemeiner Lebensstil etabliert, der in Zukunft eine Reihe von weiteren zukunftsweisenden Unterwegsmärkten hervorbringen wird. Vergessen werden darf dabei aber nicht, dass der moderne Neo-Nomade nicht zwangsläufig auf einen festen Ort fixiert ist. Oder wie es der US-Autor Eric Weiner in seinem Buch »Geografie des Glücks« über den Einfluss des Wohnorts auf das persönliche Glück ausdrückt: »Wer unglücklich ist, sollte umziehen«.

Dialogisierung

Ich möchte beim Konsum nicht nur einfach bedient, sondern auch verstanden werden!

Die Professionalisierung der persönlichen Empfehlung schreitet voran

Seit Menschengedenken sichern persönliche Kontakte und der Austausch mit anderen das eigene Überleben. Alleine tut man sich schwer, der Dialog mit anderen Menschen erfüllt wichtige soziale Funktionen und gilt letztlich auch als Erfolgsrezept zum Erreichen der eigenen Ziele – mögen diese nun darin bestehen, ein Feuer anzuzünden oder einen eigenen Laden zu eröffnen. Dennoch verbirgt sich hinter Dialogisierung etwas gänzlich Neues: Der Konsument 2020 krempelt mit seinem Bedürfnis nach Austausch die gesamte Marketing- und Konsumlandschaft um. Dialogisierung ist der Versuch, die Produzenten von Waren und Wissen und die Abnehmer derselben zu einem echten Austausch zu bewegen. Genau wie im Bereich persönlicher Kontakte suchen die Konsumenten in Zukunft auch in Bezug auf ihr Konsumverhalten nach einer Form der Anerkennung ihrer Bedürfnisse. Es reicht nicht mehr aus, ihre Aufmerksamkeit zu erregen, vielmehr muss sich jeder Einzelne verstanden fühlen – ganz so, wie es bei jedem Dialog selbstverständlich ist.

Der Konsument von morgen sucht Anerkennung und wird zum entscheidenden Wertschöpfungsfaktor

Im Zentrum des Trends Dialogisierung steht die Frage, wie die Konsumenten künftig stärker in die Wertschöpfung integriert werden und die Unternehmen besser mit ihnen interagieren können. Waren Unternehmen und ihre Marken früher bekannt für ihre Monologe – in Form von Werbung genauso wie in Gestalt von Produktinformationen – reicht diese Art der Aufmerksamkeitserzeugung heute nicht mehr aus. Aus dem Trommeln muss ein Gespräch werden. Schon heute führt die Empfehlung durch andere Konsumenten die Rangliste der vertrauenswürdigsten Kommunikationsformen an; vor der Empfehlung durch Zeitungsredaktionen, online geäußerten Konsumentenmeinungen sowie Markenwebsites (A.C. Nielsen, 2008).

Grund für diese Veränderung ist eine neu erwachte Sehnsucht nach Anerkennung. Nicht die Menschen haben sich gewandelt, sondern vielmehr die Möglichkeiten. Während es im industriellen Zeitalter schlichtweg nicht möglich war, auf jeden einzelnen Abnehmer einzugehen, haben die Menschen mit Beginn des Wissenszeitalters gelernt, dass es durchaus Wege gibt, wie sie ihre Bedürfnisse immer mehr Menschen mitteilen können – unter Zuhilfenahme neuer Kommunikationswege. Insofern sind erst durch Megatrends wie Bildung, Globalisierung und Connectivity die Voraussetzungen geschaffen worden, die Ur-Sehnsucht der Menschen nach Austausch und Anerkennung ihrer selbst auch auf die Ebene der Märkte zu übertragen.

26 Millionen aktive Online-Netzwerker

Nutzer von sozialen Netzwerken pro Monat in Mio.

(Durchschnitt 3. Quartal 2009)

StudiVZ Gruppe	14,6
Wer-kennt-wen.de	6,2
Facebook.com	5,6
MySpace Sites	5,1
Windows Live	3,3
Stayfriends.de	3,0
Jappy GmbH	2,1
Xing.com	2,0
Lokalisten.de	1,9
Twitter.com	1,8

Quelle: Comscore, BITKOM 28.10.2009

Rückblick

Vom Marketing jenseits der Massenwerbung zur Dialogisierung

Während es in den Anfangstagen des Internet vor allem um die Faszination von individuell hergestellten Produkten ging, hat die Entwicklung der jüngeren Vergangenheit gezeigt, dass die modernen Kommunikations- und Produktionsmöglichkeiten immer dann am erfolgreichsten sind, wenn damit die »reale« Welt der Menschen imitiert werden kann. Als ganz entscheidendes Erfolskriterium hat sich dabei stets herausgestellt: Wichtiger als das high-end individualsierte Me-Product ist der Austausch mit anderen Konsumenten. Weil die persönlichen Kontakte – gleich ob es sich dabei um Treffen in einem Café oder den Besuch einer Social Community handelt – nicht nur Aufmerksamkeit sondern auch Anerkennung der eigenen Wünsche und Werte bedeuten. Diese Entwicklung impliziert aber, dass auch die Hersteller und Anbieter von Waren und Werten Teil dieses großen Netzwerks werden müssen.

»Machen sie Fremde zu Freunden und Freunde zu lebenslangen Konsumenten«, lautete das Fazit in unserer Studie »Konsument 2010«. In Zeiten einer Multioptionsgesellschaft und der individualisierten Lebensstile, die die vielfältigsten Kanäle nutzen, dürfte das nicht eben leichter geworden sein, weist aber trotzdem in die richtige Richtung.

Community-Manager setzen auf die neue Kunden-Demokratie

Welche Elemente aus sozialen Netzwerken verwenden Sie derzeit oder planen Sie anzubieten?

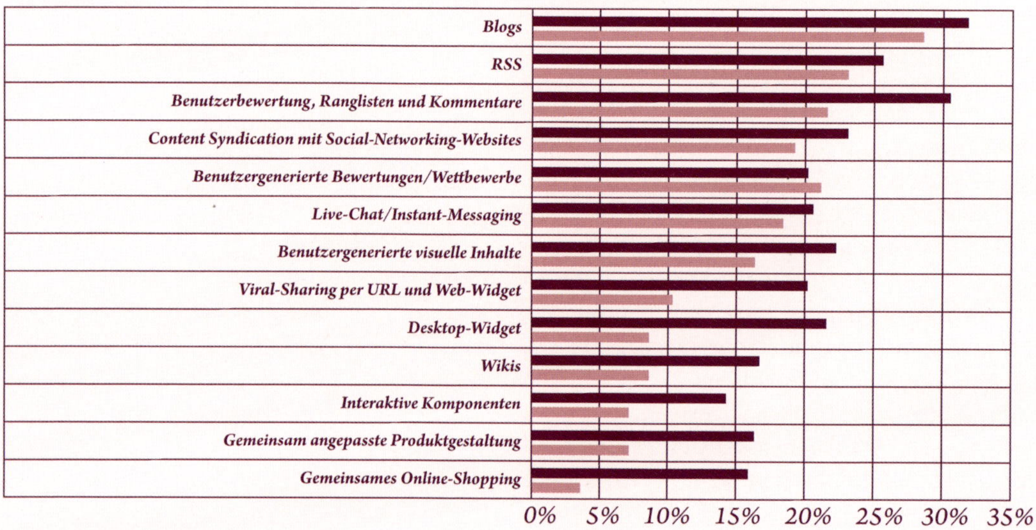

Quelle: Adobe System 2008; ■ geplant ■ liegt vor; n= 474 Unternehmen weltweit

Vom einfachen Produktanbieter zum emphatischen Beziehungsmanager

Anerkennung ist im Gegensatz zur Aufmerksamkeit ein dynamischer Austauschprozess. Sie kann nicht durch eine Ein-Weg-Kommunikation geschaffen werden, sondern braucht den Dialog. Die Konsequenz für die Unternehmen daraus lautet künftig mehr den je, den Fokus vom Produkt weg zu nehmen und stattdessen stärker auf den Kunden und seine Beziehung zu ihm zu richten. Und die ersten Entscheider haben bereits auf diese Anforderungen reagiert: Laut einer weltweiten Umfrage im Auftrag von Adobe Systems setzen bereits im Jahr 2008 28 Prozent der Unternehmen auf ein Unternehmensblog, um den Austausch mit ihren Kunden zu verbessern. Gut 20 Prozent lassen Benutzerbewertungen, Ranglisten und Kommentare zu, etwas weniger setzen auf Live-Chats und Instant-Messaging-Programme.

Und auch Twitter ist längst keine reine Freizeitbeschäftigung mehr. Was das Customer-Relationship-Management angeht, stellt sich Twitter in vielen Beispielen immer häufiger als ein erfolgreicher Weg für mehr Kundennähe heraus. So stellt sich der US-Kabelnetzbetreiber Comcast (http://twitter.com/comcastcares) gleich auf mehreren Twitter-Kanälen den möglichen Beschwerden der Kunden. Frank Eliason, verantwortlicher Direktor für die Online-Kundenbetreuung und Initiator, rechtfertigt die Twitter-Strategie vor allem mit den damit steigenden Möglichkeiten, direkter und unkomplizierter mit den Kunden zu kommunizieren. In Deutschland twittern derzeit etwa 24 der insgesamt 30 Dax-Unternehmen, Anfang 2009 waren es erst 17.

Entscheidend für den Erfolg dieser Dialogisierungs-Maßnahmen sind neben den neuen technischen Voraussetzungen aber auch Flexibilität und Empathie, um auf den Kunden und seine Bedürfnisse reagieren zu können. Auf den Märkten von morgen wandeln sich Produktmanager immer mehr zu Community-Managern. Künftig wird es darum gehen, Verbraucher zur Kommunikation untereinander, aber auch zur Kommunikation mit der Marke anzuregen. Der permanente Dialog wird ausgewertet und zum Input für eine dynamische Markenführung genutzt. Marken werden in diesem Sinne zu anregenden Gesprächspartnern – sofern das Unternehmen selbst das Zuhören lernt.

Kundenparlament bei Chrysler: Die ersten Vorreiter, die sich mit dieser Idee an den Markt trauen, sammeln durchweg positive Erfahrungen. Autohersteller Chrysler etwa hat auf seiner Site das Projekt »Customer Advisory Board« ins Leben gerufen, eine Art Kundenparlament, deren

»Abgeordnete« direkt mit wichtigen Funktionsträgern bei Chrysler in Kontakt treten können – nachdem sie Mitglieder dieser geschlossenen Community geworden sind und dafür dann auch in den Genuss interner Informationen kommen.

Ideenwettbewerb bei Tchibo: Auch Tchibo hat eine eigene Plattform zum Ideenaustausch mit den Verbrauchern geschaffen, auf der neue Lösungsvorschläge für Alltagsprobleme entwickelt werden. Der Kaffeeröster versteht das Ganze als Ideenwettbewerb und belohnt die drei besten einmal im Monat. Eine ganze Reihe der so geschaffenen Produktinnovationen stehen seit kurzem in den Filialen und im Online-Shop zum Kauf bereit (www.tchibo-ideas.de).

Fly yor Ideas: Und auch Airbus möchte mit dem Programm »Fly your Ideas« den Austausch mit der Öffentlichkeit optimieren. Konkret geht es bei diesem Projekt darum, Studenten und Doktoranden in den Innovationsprozess zu involvieren. Diese sind dazu aufgerufen, Konzepte für die Zukunft der Luftfahrt zu präsentieren. Und der Dialog macht sich bezahlt: Die Ideengeber konkurrieren um eine Prämie von 30.000 Euro, Airbus spart sich einen Teil der Kosten für ein internes Innovationsmanagement.

Social Communities sind die ersten Anlaufstellen für neue Produkt-Empfehlungen

Selbstverständlich entstehen durch diese Art der Dialogisierung der Produzenten-Konsumenten-Beziehung auch neue Medienkanäle, was das Machtgefüge im Bereich der klassischen Medien weiter verschiebt. Die etablierten Medien von TV über Print bis hin zum Radio gehörten schließlich zu den ersten, die diese Veränderungen zu spüren bekamen. Die Konsumenten von heute produzieren ihre Inhalte zunehmend selbst. Sie twittern über Erlebnisse, posten ihre Erfahrungen in Communities und schreiben in Blogs über ihre Sehnsüchte. Auf der Suche nach Anerkennung und Zugehörigkeit präsentieren sie sich in sozialen Netzwerken, teilen Bilder, Musik und Geschichten – und empfehlen sich gegenseitig Produkte. »Wenn ich von einem Produkt überzeugt bin, teile ich dies anderen Mitgliedern mit«, erklären 60 Prozent der Nutzer von Social Communities ihre Motivation, selbige zu nutzen. Und 50 Prozent behaupten, »wenn mir andere Mitglieder Produkte empfehlen, schaue ich mir diese auch an«, das hat das Digitalbarometer, eine Umfrage der Marktforscher von TNS Emnid 2008, festgestellt.

Aus Marktforschung wird Single-User-Forschung

Genau diese Dialogbereitschaft macht man sich nun zum Beispiel bei Hewlett-Packard zu Nutze. Der Computerhersteller hat vor dem offiziellen Verkaufsstart einer neuen Drucker-Reihe auf Ciao.de offensiv zum Pre-Test aufgerufen. Mitglieder dieser Shopping-Community (der 660.000 Mitglieder angehören, die zu 1,5 Millionen Produkten bereits 2,1 Millionen Meinungen und Bewertungen abgegeben haben) konnten sich zum Testen bewerben. Gesucht wurden Personen, die viel drucken müssen und Geld sparen möchten. Im Anschluss an die zweiwöchige Produkttester-Phase durften die Probanden ihre Erfahrungen allen Internetnutzern offen legen – durchaus auch mit der Möglichkeit negativer Feedbacks. Positive Statements sollen indes in einer dritten Phase in die allgemeine Publikumskommunikation mit einfließen. »Allein schon die Offenheit der Aktion bewerten unsere Nutzer aber mit Sicherheit positiv«, gibt sich Stephan Musikant, Geschäftsführer von Ciao.de überzeugt.

Gleiches gilt für alle Versuche, die klassische Marktforschung ins Internet zu verlegen, was künftig bereits immer dann Sinn macht, wenn die Hälfte der Bevölkerung eines Landes über einen Internetanschluss verfügt, wie der amerikanische Unilever-Manager Chet Henderson zu Protokoll gibt. Bei Procter & Gamble treten die Marketingverantwortlichen nun auf der Website Tremor.com (www.tremor.com) mit ihren Kunden in Kontakt. Mehr als eine Viertelmillion zumeist jüngere Menschen haben sich hier bereits registriert und bewerten Produktideen und Marketingaktionen. Und beim weltweit operierenden Marktforschungsunternehmen TNS unterstützt man seine Kunden inzwischen mit der interaktiven Online-Plattform »TNS Insight TV Live« in dem Bemühen, Produktkonzepte oder Werbetests in Echtzeit und online abzufragen.

Online registrieren, offline testen

Auf einem ähnlichen Grundprinzip basiert das Geschäftsmodell der Münchner trnd-Agentur (www.trnd.com). Mehr als 160.000 Konsumenten haben sich hier bereits registrieren lassen, was sie dazu berechtigt, unentgeltlich Produkte für die Firma zu testen und diese dann anderen zu empfehlen. Der einzige Unterschied: Der Anfangsdialog findet hier online statt, die weitere Unterhaltung passiert aber im realen Netzwerk des Testers. Im Ergebnis haben rund 5.000 Deutsche so in den letzten Monaten ihren Freunden und Bekannten Tiefkühlpizza zum Testen vorgesetzt, 1.300 haben Freunde dazu gebracht, eine neue Bohrmaschine von Bosch auszuprobieren und 10.000 sind mit einer Flasche Terra-Activ-Reiniger bei ihren Leuten zum Putzen vorbeigekommen. Wie gesagt: unentgeltlich. Die Tester gewinnen dabei das gute Gefühl, ein neues Produkt als erste ausprobieren zu dürfen, und sie sind so beliebt, dass man ihnen eine Meinungsführerschaft zutraut. Die Freunde und Bekannten hingegen vertrauen den so persönlich offerierten neuen Waren mehr, als wenn sie via klassischer Werbung davon erfahren hätten. Im Bereich von Neuheiten bei TV, EDV oder Telefon, bei Restaurant- oder Live-Musik-Empfehlungen sind es nämlich nach wie vor die persönlichen Informationsquellen, die Tipps von Freunden, Bekannten oder der Familie, denen das größte Vertrauen entgegengebracht wird (ACTA 2008 und European Entertainment Future, Microsoft 2009). Dem Word-of-Mouth-Marketing wird aus diesem Grund auch und gerade in Zeiten der Dialogisierung eine besondere Bedeutung zugesprochen.

Besonders die jüngeren Zielgruppen nutzen die Neuen Medien inzwischen wie selbstverständlich vor einer neuen Anschaffung. Ganz gleich, ob es ums Reisen geht, die neusten Kinofilme, CD-Tipps oder Gesundheitsfragen – vertrauensvoll wird der Dialog zu Gleichgesinnten in einer der zahlreichen Social Communities gesucht. Immer häufiger auch bei Erziehungsfragen, wie die Zeitschrift »Eltern« in einer Online-Umfrage im vergangenen Jahr ermitteln konnte. Die Ratgeber im Internet sind zwar anonym aber mitnichten gesichtslos. Und der Dialogisierungs-Trend wird sich in den kommenden Jahren weiterentwickeln – in der Online- und Offline-Welt gleichermaßen. Das beweist nicht zuletzt die Affinität der einzelnen Altersgruppen zu den verschiedenen Kommunikationskanälen: Bei den 14- bis 19-Jährigen sind es etwa 36 Prozent, für die ein persönliches Gespräch, der Austausch mit anderen die angenehmste Form der Kommunikation darstellt. Bei den 45- bis 59-Jährigen sind es 70 Prozent. Zwei Drittel der Jüngeren geben an, dass sie gerne im Internet chatten, 52 Prozent bevorzugen die SMS, wenn sie ihren Freunden etwas mitzuteilen haben, wie das Institut für Demoskopie Allensbach im Jahr 2009 herausfand.

Der Dialog kennt heute verschiedene Wege

	Bevölkerung insgesamt	14-19 Jahren	20-29 Jahren	30-44 Jahren	45-59 Jahren	60 Jahre u. älter
Für mich ist ein persönliches Gespräch die angenehmste Form, mich mit anderen auszutauschen	63%	36%	51%	65%	70%	69%
Ich telefoniere gerne ausgiebig	31%	52%	35%	32%	27%	25%
Ich schreibe gerne E-Mails	17%	47%	28%	23%	13%	3%
Ich chatte gerne im Internet	15%	67%	33%	14%	7%	2%
Wenn ich Freunden etwas mitteilen möchte, schreibe ich am liebsten eine SMS	15%	52%	32%	16%	8%	2%
Ich schreibe gerne Briefe	14%	11%	11%	10%	13%	20%

Basis: Bundesrepublik Deutschland, Bevölkerung ab 14 Jahre. Quelle: Gesprächskultur in Deutschland; Studie des Instituts für Demoskopie Allensbach im Auftrag von Bild der Frau und Jacobs Krönung, 2009

Selbstdarstellung mit Marken-Unterstützung führt zu Innovationen

Doch egal ob mit oder ohne Belohnung: Mitmachen ist das zentrale Motiv des Web 2.0. Auch gänzlich ohne technisches Vorwissen können Internetnutzer Meinungen publizieren, Beiträge kommentieren, sich mit Fotos und Videos präsentieren. Viele der von den Usern publizierten Inhalte nehemn dabei längst Bezug auf ein Unternehmen oder ein Produkt: Laut den Beratern von A.C. Nielsen verweisen bereits 25 Prozent der Google-Suchergebnisse zu den zwanzig bekanntesten Marken auf Inhalte, die von Nutzern erstellt wurden. Das bedeutet im Umkehrschluss aber auch – es gibt heute keinen wirtschaftlichen Bereich mehr, in denen die Nutzer nicht selbständig produktiv werden: Sie helfen Forschern beim Finden von Lösungen auf Open-Innovation-Plattformen wie innocentive.com (www.innocentive.com), (www.yet2.com) oder atizo.com (www.atizo.com); designen und verkaufen Produkte (www.dawanda.de); sie hacken Hard- und Software, um sie ihren Bedürfnissen anzupassen; oder sie schließen sich ganz friedlich zu User-Gruppen im Internet zusammen, die allesamt die Leidenschaft für ein Produkt oder eine Marke teilen: So entstehen auf Plattformen wie Xing (www.xing.de) als auch auf StudiVZ (www.studivz.net) Nutella-Gruppen, ohne dass Ferrero jemals einen Cent dafür gezahlt hätte. In diesen Aktivitäten liegt für die Unternehmen ein großes Potenzial. Statt die eigengenerierten Tätigkeiten zu blockieren, könnten sie lernen, die eigenen Angebote relevanter zu machen und die Konsumenten stärker zu involvieren.

Die Dialogisierung der Märkte führt zu wahren Innovationen

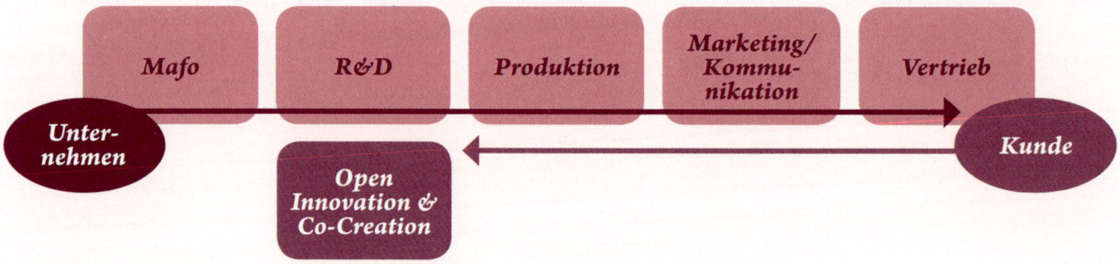

Quelle: Zukunftsinstitut 2010

Aus Prosuming wird Crowdsourcing

Immerhin 60 Prozent der Internet-User konsumieren bereits User-Generated Content, so das Ergebnis einer aktuellen Studie von eMarketer. Die totale Vernetzung von Unternehmen und Endkunden hat begonnen. Nach dem Outsourcing (der Auslagerung von Unternehmensaufgaben und -strukturen an Drittunternehmen) steigert nun das Crowdsourcing – die Auslagerung auf die Intelligenz und die Arbeitskraft einer Masse von Freizeitarbeitern im Internet – künftig die Profitabilität. Die Konsumenten werden zu Mitarbeitern, sie konfigurieren ihre Produkte selbst – und das geht weit über das hinaus, was man sich in den Anfangstagen des neuen Marketings unter dem Begriff Prosuming vorzustellen mochte.

Dialogisierung bedeutet nämlich keine individualisierte Massenfertigung; der in x-tausend Modellvarianten erhältliche VW Golf ist damit nicht gemeint. Vielmehr geht es darum (wie bei Amazon oder iTunes), die Vorlieben jedes einzelnen Kunden zu kennen und passende Angebote anderer Nutzer dazu zu empfehlen. Oder um die Möglichkeit, die das Lebensmittelunternehmen Nestlé seinen Kunden in den USA im letzten Jahr online einräumte: Diese konnten im Internet über das Verpackungsdesign für die Produkte Goobers, Sno-Caps und Oh Henry! abstimmen. Der entscheidende Unterschied beim Dialogisierungs-Trends liegt in der gemeinschaftlichen Aktivität. Bislang sah das Marketing den Konsumenten als singuläres Wesen. Mittler auf dem Weg zu dieser Interaktion sind aber andere Marktteilnehmer. In Zukunft gilt es, jeden einzelnen Konsumenten in seinem sozialen Kontext wahrzunehmen und seine Bedürfnisse nach Identität und Zugehörigkeit zu berücksichtigen.

Der Trend Dialogisierung und die neuen Lebensstile*

Der Dialog, also der Austausch mit anderen Menschen, gehört zu den Grundbedürfnissen jedes Menschen. Die Möglichkeiten, die sich durch die Kombination mit neuen Kommunikationstechnologien für den Marketing-Dialog bieten, deuten aber an, dass es vor allem die technisch affinen Lebensstilgruppen sein werden. Wer zu den sogenannten Digital Natives (im Gegensatz zu den Digital Immigrants) gehört, wer also mit dem Internet, den Blogs, den Twitterfeeds, Social Communities, Video-Plattformen und allerlei Unterwegs-Connectivity aufwächst, der hat auch weniger Berührungsängste, über genau diese Kommunikationskanäle mit anderen über Marken und Produkte zu reden bzw. sich auf Informationen der Hersteller derselben einzulassen.

Aus diesem Grund werden es zu allererst die CommuniTeens sein, die ihre Sehnsucht nach einer Gemeinschaft im digitalen Zeitalter auch mit den Marketingideen der Dialogisierung gestillt sehen. Daneben werden sich aber auch all diejenigen von den neuen Kundenbindungsmaßnahmen fasziniert zeigen, die ihre Kaufentscheidungen bewusst und markentreu treffen – die Young Globalists, die Tiger-Ladys und die Super-Grannys etwa. Denn Dialogisierung bedeutet auch den Aufbau von interessanten, unverbindlichen, aber personalisierten Netzwerken. Sie schafft ein Wir-Gefühl und stärkt die Identifikationskraft einzelner Marken.

*Siehe Kapitel »Kurzdefinitionen Lebensstile 2020«

Klassische Medien verlieren durch den Dialogisierungstrend endgültig ihre Definitionsmacht über die prägenden Inhalte

Gut gemachte Blogs stehen Fachpublikationen in nichts mehr nach. Mit der Vielzahl an Blogs, Communities, Twitterfeeds etc. zersplittert die Medienlandschaft immer stärker. Persönliche Medien treten an die Stelle von Massenmedien: Auf der Suche nach Orientierung richten sich Konsumenten heute nach den Empfehlungen anderer Konsumenten. Damit verlieren die Massenmedien auch ihre Funktion als Meinungsführer. Mundpropaganda wird zur wichtigsten Werbeform, denn die subjektive Meinung und die Erfahrungen anderer wirken oft glaubwürdiger als redaktionelle Inhalte oder Werbung – der 60 Prozent der Deutschen inzwischen gar aktiv aus dem Weg gehen, so das Wirtschaftsmagazin »Brand Eins« (2/08). An einen TV-Spot erinnert sich hinterher gerade einmal jeder zehnte Zuschauer. Im Web 2.0 bieten sich hingegen Dialogisierungsmöglichkeiten mit globaler Reichweite und nahezu unendlicher Haltbarkeit. Die Gespräche der Konsumenten können dazu führen, dass ein gewaltiger Buzz (engl.: Begeisterung, Gerücht) um Themen, Produkte, Dienstleistungen, Werbung oder Handlungen entsteht. Und das lässt sich mit einer einfachen Rechenaufgabe nachweisen: So erzählen etwa die Multiplikatoren, die sich bei der trnd-Agentur registriert haben, durchschnittlich 20 Freunden von einem Produkt, die es wiederum an 4,2 Freunde herantragen. Bei einer Ausgangszahl von 5.000 Produkttestern erreicht eine Kampagne so also fast eine halbe Million Menschen.

Ähnliche Verbreitungszahlen lassen sich auch mit Internet-Videos generieren. Ein gut gemachter Videoclip via YouTube verbreitet, erreicht oft schon in wenigen Wochen mehrere hunderttausend Nutzer. Und da die Nutzung von Video-Clip-Plattformen derzeit von allen Social-Media-Plattformen weltweit am stärksten wächst, ist ein Ende dieses Booms auch noch nicht in Sicht. 83 Prozent der europäischen Internetnutzer klicken sie regelmäßig an, 34 Prozent schreiben ihre Meinung über Marken und Produkte in eigenen Blogs, und ganze 36 Prozent der Konsumenten denken sogar positiver über Unternehmen, die selbst einen Weblog betreiben, so die Ergebnisse der »Social Media Tracker Wave 3«-Studie von Universal McCann aus dem Jahr 2008. Kein Wunder also, dass diesen Dialogisierungsformen weiterhin eine große Zukunft prognostiziert werden: 44 Prozent der Top 500 US-Unternehmen sehen im Ausbau ihrer Social-Media-Aktivitäten einen sehr wichtigen Baustein in ihrer Zukunftsstrategie, wie das Center for Marketingresearch der University of Massachusetts bei einer Untersuchung herausfand.

Prognose 2020

Der Paradigmenwechsel von der Aufmerksamkeit zur Anerkennung bedeutet weitreichende Implikationen für das Marketing. Reichte es in früheren Zeiten aus, als Absender einer bestimmten (Werbe-) Botschaft erkennbar zu sein, geht es heute darum, einen neuen Sender-Empfänger-Kanal aufzumachen. Konsumenten reden mit und über Marken, weil diese Teil ihres Selbstverständnisses geworden sind. »Marken und Produkte, die wir nutzen oder toll finden, dienen als Aufhänger, um miteinander ins Gespräch zu kommen. Sie sagen etwas darüber aus, wo wir herkommen, wer wir sind«, erklärt der Schweizer Patrick Müller, Mit-Gründer der Multimarken-Plattform DigaDing. Bei dieser Community erstellen die Mitglieder ihr Profil aus einer Auswahl von derzeit mehr als 2,5 Millionen Produktfotos und rund 2.000 Marken-Logos, die als virtuelle Pins zur Verfügung stehen. Und sie tauschen sich aus. Das ist das eigentlich Revolutionäre am Konsumtrend Dialogisierung: Unsere Beziehungskontexte und die Rollen, mit denen wir auf diese reagieren, werden zahlreicher und differenzierter, dafür sorgen das Internet und die neuen Mobilfunktechnologien. Sie ermöglichen eine gänzlich neue Art der Selbstdarstellung, in deren Mittelpunkt der Kontakt zu anderen steht. Der Dialog bedeutet Bestätigung und gesellschaftliche Teilhabe, die Dialogisierung ist der Versuch, diese Sehnsucht der Menschen auf die Konsumebene zu übertragen.

Self Design

> ***Die Optimierung meiner Selbst gehört für mich zum Spiel der Leistungsgesellschaft!***

Zwei Trendentwicklungen sind es, die aus der Gesundheit einen Megamarkt Medizin und aus der langweiligen Prophylaxe das attraktivere Self Design werden lassen: zum einen der demographische Wandel, zum anderen die wachsende Bereitschaft zur Eigenverantwortung. In einer Gesellschaft, in der die Mehrzahl der Menschen alt ist, wächst die Sehnsucht nach Jugend und Gesundheit. Und im Gegensatz zu früher erwartet die Mehrheit der Deutschen nicht mehr, dass sich diese von allein einstellen: Ausgelöst durch die gesundheitspolitischen Umstrukturierungsprozesse wächst das Bewusstsein, dass jeder Einzelne selbst etwas dazu beitragen kann, sich gesund und gut zu fühlen.

Female Silver Revolution

Streng genommen sind es dabei sogar vier Megatrends, die dem Konsumtrend Self Design den Weg bereiten: 18,6 Prozent aller Einwohner werden im Jahr 2020 in Deutschland das 64. Lebensjahr vollendet haben; weitere fünf Jahre später steigt dieser Anteil dann sogar auf mehr als ein Fünftel der Bevölkerung an. 43,8 Prozent der Deutschen werden 2020 zwischen 25 und unter 65 Jahre alt sein, der numerische Einfluss der Jugend schwindet also. Parallel zu dieser Silver Revolution erleben wir den sogenannten Female Shift: Der Einfluss von Frauen in Wirtschaft und Gesellschaft steigt, die Feminisierung verändert Werte, aber auch Konsummuster. Flankiert werden beide Entwicklungen schließlich durch die Megatrends Individualisierung und Gesundheit – also die Idee, dass jeder Einzelne versucht, seinen optimalen Lebensentwurf zu verwirklichen, in dem das persönliche Wohlgefühl, aber auch die Fitness von Körper, Geist und Seele eine der Hauptrollen spielen. Und dieser Wertewandel lässt sich auf der Konsumebene mit dem Begriff des Self Designs perfekt zusammenfassen – lassen sich darunter doch so gegensätzliche Produkte und Dienstleistungen wie Anti Aging-Kosmetika, neuartiges Functional Food oder auch der Personal Fitness Trainer subsummieren.

Healthstyle ist der neue Lifestyle

Mit dem Konsumtrend Self Design verändert sich auch die Bedeutung, die der Gesundheit insgesamt beigemessen wird. Was früher die Abwesenheit von Krankheit war, hat sich zu einem Synonym für das persönliche Wohlbefinden entwickelt. Mit einer repräsentativen Untersuchung haben die Online-Forscher vom Institut Dialego im Herbst 2009 erstmalig quantifiziert, was Gesundheit den Bundesbürgern heute eigentlich wirklich bedeutet. Und sie haben herausgefunden, dass ganze 77 Prozent damit zunächst persönliches Wohlgefühl assoziieren, 55 Prozent meinen die persönliche Fitness und Leistungsfähigkeit, wenn sie Gesundheit sagen, und gut einem Fünftel kommt sogar Schönheit in den Sinn, wenn sie sich mit diesem Thema beschäftigen.

In diesem Sinne ist das Streben nach Gesundheit einer der wichtigsten Motoren für vielfältige Einkäufe in einer ganzen Reihe von Branchen. Das Bestreben, die eigene Gesundheit – also die tatsächlichen Krankheitsparameter genauso wie das persönliche Wohlgefühl, aber auch das Aussehen, das Auftreten und die eigene Fitness – zu optimieren, lässt sich dem großen Konsumtrend Self Design zuordnen. Und das, was früher Lifestyle genannt wurde, lässt sich heute mit dem Begriff des Healthstyles zusammenfassen.

Rückblick

Vom Konsum-Feminismus zum Self Design

Die Unterscheidung in Frauen- und Männerprodukte macht nur noch bei wenigen Branchen wirklich Sinn. Zwar brauchen die beiden Geschlechter ganz sicherlich unterschiedliche Bekleidungsschnitte und Modeacessoires – und auch im Bereich von Nahrungsergänzungsmitteln und einigen OTC-Medikamenten macht die Frauen/Männer-Variante sicherlich Sinn; grundsätzlich aber zeigt die große Bedeutung eines Konsumtrends wie des Self Designs, dass die Trennlinie in Zukunft nicht zwischen den Geschlechtern, sondern vielmehr zwischen den Healthstyle-Anhängern und den Healthstyle-Gleichgültigen gezogen werden sollte. Noch sind die Frauen in unserer Gesellschaft führend, was ihre Körperkompetenz und Vorsorgebereitschaft angeht. Doch die Männer holen auf. Mehr und mehr von ihnen entdecken ihr Interesse an Themen wie Gesundheit und Eigenverantwortung, aber auch Wohlgefühl und Schönheit.

Und das zeigt sich auch an der steigenden Ausgabenbereitschaft in diesen Branchen. Die Lebenserwartung der beiden Geschlechter jedenfalls nährt sich allmählich einander an, was auch der bei den Männern wachsenden Eigenverantwortung für körperliche, geistige und seelische Belange geschuldet ist: Betrug die Differenz vor 12 Jahren noch 6,5 Jahre, liegt sie aktuellen Erkenntnissen des Statistischen Bundesamtes zu Folge nur noch bei 5,2 Jahren. Jungs, die 2009 geboren werden, können damit rechnen, 77,2 Jahre alt zu werden, Mädchen gar 82,4 Jahre. Mit dem richtigen Self Design lässt sich dieser Wert künftig sicher noch ausweiten bzw. die Differenz verkleinern.

Die neue Präventiv-Health-Branche: Self Design

Zu ganz neuen Ehren gelangt mit dieser Entwicklung die Idee von Prophylaxe und Vorsorge. Denn wem das eigene Wohlgefühl so wichtig ist, dass es ein Teil seines individuellen Lifestyles wird, der wartet mit der Eigenoptimierung nicht, bis es zu spät ist oder ein Arzt sie anordnet. Stattdessen gehen die Deutschen in Zukunft von sich aus und immer stärker sogar auf eigene Kosten zu den Vorsorgeuntersuchungen. Was bei der Zahnmedizin angefangen hat – hier erstatten die gesetzlichen Kassen die Kosten für die professionelle Zahnreinigung nicht mehr, trotzdem erfreut sie sich wachsender Beliebtheit – könnte künftig auch auf andere Gesundheitsbereiche übergreifen: Rund um das Thema Prophylaxe entsteht ein riesiger Präventivmarkt, den die ersten Mediziner bereits mit ihren Individuellen Gesundheitsleistungen (IGeL) mitgestalten. Allein der Umsatz auf diesem Sektor wird schon heute mit 1 Milliarden Euro beziffert, in den nächsten zehn Jahren dürfte sich dieser noch gehörig ausbauen lassen.

Mit Self Design ist jeden Tag Silvester: Gute Vorsätze haben Hochkonjunktur

Und tatsächlich: Das Wissen um die Notwendigkeit der medizinischen Vorsorge steigt genauso wie die Bereitschaft, diese aus eigener Tasche zu bezahlen. Im Grunde sind es dabei zwei Triebfedern, die das Bewusstsein für die gesundheitliche Eigenverantwortung der Menschen antreiben: zum einen ist es Angst (siehe Kapitel »Supersicherheit«), zum anderen die Sehnsucht nach Belohnung. Angst haben die Menschen vor Krankheiten, vor ihren eigenen und davor, dass ihre Lieben leiden könnten. Sie fürchten sich davor, auf fremde Hilfe angewiesen zu sein (eine Angst, die sich mit den Jahren weiter verstärkt), durch Erkrankungen in finanzielle Not zu kommen und einen Großteil der eigenen Lebensfreude einzubüßen. Um dem zu entgehen, sorgen sie vor: Sie verzichten auf einzelne oder mehrere Aspekte eines bewiesenermaßen oder eingebildeten ungesunden Lebensstils, verkneifen sich die Zigarette, raffen sich zum Sport auf oder orientieren sich an den empfohlenen ärztlichen Vorsorgeterminen – beim Zahnarzt etwa, beim Augen- oder Frauenarzt.

Wobei gerade der Sportbereich zeigt, wie eng der Konsumtrend Self Design mit dem demografischen Wandel verknüpft ist. So ist etwa der Anteil der über 45-Jährigen, die bei uns regelmäßig ins Fitnessstudio gehen, seit dem Jahr 2000 um 7 auf 20 Prozent angestiegen, das Durchschnittsalter des Studiobesuchers dementsprechend in den letzten Jahren von Anfang auf Ende 30 hochgeschnellt (Emnid). Und in den USA ist heute schon jedes zweite Fitnessstudiomitglied 40 Jahre oder älter, meldet man bei den Marktforschern von American Demographics. Die Studiobetreiber werden also umdenken müssen: Auch wer mit Fitness und Bodystyling alt geworden ist, wünscht sich bisweilen etwas weniger laute Musik in den Sporträumen und ein speziell auf seine Bedürfnisse zugeschnittenes Trainingsprogramm. Denn auch sanfte Sportarten boomen: 39 Prozent der 56- bis 65-Jährigen machen regelmäßig Yoga oder meditieren, bei den 66- bis 70-Jährigen sind es gar 41 Prozent, das hat das Emnid Institut ermittelt. Bei den 45- bis 55-Jährigen sind es hingegen nur 35 Prozent, die diese Form der Körperwahrnehmung präferieren.

Self Design macht aus unwissenden Patienten aufgeklärte Patientenkunden

Was sich durch dieses neue körperliche und geistige Selbstbewusstsein ebenfalls verändert, ist das Verhältnis des Patienten zu seinem medizinischen Dienstleister. Vor allem Ärzte mussten diese Erfahrung in den letzten Monaten beinah schmerzlich machen. Der Trend zu Eigenverantwortung und Self Design nämlich bringt es mit sich, dass die Patienten heute aufgeklärter und fordernder auftreten als jemals zuvor. Sie sind es, die in den letzten Jahren nicht nur ihr medizinisches Wissen erweitert, sondern vor allem auch ihr Selbstbewusstsein gehörig vergrößert haben. Und die jetzt glauben, die medizinische Leistung eines Arztes oder einer Praxis, einer Behandlung oder einer Klinik objektiv beurteilen zu können – was sie dann auch bereitwillig in allerhand Internet-Bewertungsforen tun (wie www.docinsider.de oder www.jameda.de).

*Self Design und die neuen Lebensstile**

Der Konsumtrend Self Design findet grundsätzlich bei allen Lebensstilgruppen seinen Niederschlag, weil das Optimieren von Körper, Geist und Seele zu den Grundsätzen unserer modernen Individualisierungsgesellschaft gehört. Spannend sind dabei die Ausprägungen dieses Self Designs – und damit die Frage, welche Produkte oder Dienstleistungen von den einzelnen Lebensstilvertretern am meisten nachgefragt werden.

Auch hierbei kristallisieren sich einige Grundsätzlichkeiten heraus: So sind es die an Ökologie und Nachhaltigkeit interessierten Lebensstile – und hier vor allem die weiblichen Vertreter –, denen die Balance von Körper, Geist und Seele sowie die Vorsorge vor Krankheiten besonders am Herzen liegen. Zu ihnen gehören die Latte-Macchiato-Familien, die als urbane Nachhaltigkeitsavantgarde gelten können, die VIB-Familien aber auch die Greyhopper, die zur Bio-Avantgarde gezählt werden und einen bewussten Lebensstil pflegen.

Die zweite große Gruppe versteht unter Self Design vor allem das Body- und Brain-Tuning. Diesen Optimierwilligen geht es um ihr Aussehen, auch um Anti Aging-Effekte, in jedem Fall aber um die Verbesserung der eigenen Performance – im Beruf genauso wie im Privatleben. Zu nennen sind hier sicherlich die selbstbewussten Tiger-Ladys, die weltgewandten Young Globalists sowie die chicen Super-Grannys. Allesamt haben verstanden, dass sie die Herausforderung der Leistungsgesellschaft annehmen müssen und selbst eine ganze Menge dazu beitragen können, sich lange gesund, fit und schön zu fühlen.

**Siehe Kapitel »Kurzdefinitionen Lebensstile 2020«*

Self Design = Self Empowerment:
Medizin auf Augenhöhe funktioniert auch mittels Fernüberwachung

Das wiederum bringt es mit sich, dass auch die Idee der medizinischen Fernüberwachung im Zuge des Self Designs mehr und mehr Anhänger findet. Technik wird in diesem Zusammenhang nicht mehr als bedrohlich und überwachend angesehen, sondern als Mittel zum Zweck. Und der lautet zu allererst: Selbstbestimmtheit – vor allem bei Risikopatienten, Chronikern und Älteren. Die Anbieter in diesem Segment sind so vielfältig wie potent. So arbeitet unter anderem der weltgrößte Chiphersteller Intel unter dem Namen »Health Guide« derzeit an einem integrierten Gesundheitsdienst, mit dem Patienten zu Hause fortlaufend ihren Gesundheitszustand kontrollieren und interaktiv mit ihrem Arzt kommunizieren können. Ärzte zum Beispiel können sich dabei per Videokamera jederzeit ein Bild von ihren chronisch kranken Patienten machen. Eine ganze Reihe von teilweise kabellosen Messgeräten gehören ebenso dazu wie eine Internetplattform.

Umsatzhoffnungen machen sich die Entwickler zudem im Hinblick auf gesundheitsbesorgte Technikaffine, die mit einem neuen Gerät wie dem »Health Manager« der Firma Biocomfort ihre Prophylaxe-Bemühungen ergänzen möchten. Dieses Mess- und Überwachungssystem dient dazu, den eigenen Gesundheitszustand sowie das Risiko von Herz-Kreislauf-Erkrankungen besser im Blick zu haben. Es wird mit dem eigenen Computer oder Handheld vernetzt und ist ausdrücklich auch für Patienten ohne technische oder medizinische Grundkenntnisse geeignet.

Wer es noch bequemer haben will, muss zumindest derzeit noch nach New York ziehen. Hier ist im Jahr 2008 mit »Hello Health« (www.hellohealth.com) ein Concierge-Service für Gesundheitsdienstleistungen an den Start gegangen. Gegen eine monatliche Gebühr haben die Patienten die Möglichkeit, rund um die Uhr und ohne Wartezeit per Instant Messaging oder Video-Chat mit einem Arzt Kontakt aufzunehmen. Telemedizinisch wird dann ein erster Check-up durchgeführt, der je nach Ergebnis durch weitere ambulante Diagnoseverfahren ergänzt wird. Alle Gespräche und Untersuchungen werden dabei übrigens archiviert, um spätere Therapieverläufe nachvollziehen zu können. Das passt auch zu der bereits gängigen US-Praxis, dass Konsultationen via E-Mail mit der eigenen Krankenversicherung (so die Patienten denn eine haben) abgerechnet werden können. In Zukunft werden zudem immer mehr Risikopatienten, selbst in entlegenen Gebieten, mit Geräten für die medizinische Telekonferenz ausgestattet werden, die die großen Hersteller unter Namen wie »Motiva« (Philips) oder »Genesis« von Honeywell HomMed offerieren.

Neue Gesundheitsrealität: Optimierung der eigenen Performance und weniger die Bekämpfung von Krankheiten

Eine weitere Branche, die von der Idee eines Self Designs profitiert, ist die Pharmabranche, und hier vor allem der OTC-Markt. »Ich finde, man braucht nicht mit jeder Kleinigkeit zum Arzt zu gehen. Wenn ich mich krank fühle und denke, dass es nicht so schlimm ist, besorge ich mir in der Apotheke Medikamente, da brauche ich keinen Arzt.« Dieser Aussage stimmen inzwischen 67 Prozent aller Bundesbürger zu, noch im Jahr 1992 waren es nur 56 Prozent. Die gegenteilige Meinung: »Wenn ich mich krank fühle, gehe ich zum Arzt, auch wenn ich meine, dass es nichts Schlimmes sein kann. Dass ich mir auf eigene Faust Medikamente besorge, ohne mich vorher vom Arzt untersuchen zu lassen, das gibt es bei mir nicht« wird lediglich noch von 23 Prozent der Bundesbürger vertreten, 1992 waren das noch 30 Prozent. Und neben den sanfteren Präparaten, den Naturheilprodukten und dem homöopathisch Wirksamen, die gemäß der neuesten Zahlen der Forscher von Allensbach von immerhin 57 Prozent aller Bundesbürger bereits einmal ausprobiert wurden (1970 waren das gerade einmal 24 Prozent), erfreuen sich auch die hochwirksamen Pharmazeutika einer wachsenden Beliebtheit: Wer Kopfschmerzen hat, nimmt eine Tablette ein, wer erkältet ist, kauft sich Hustenstiller und Nasenspray. Und wer gesund bleiben möchte, greift zum Vitaminpräparat. Zeit ist in der Ökonomie von morgen ein knappes Gut, einen Leistungsabfall kann sich kaum einer leisten.

Aus dem gleichen Grund werden heute auch Genussmittel konsumiert. Kaffee soll wach machen, Schokolade entspannen, Rotwein müde machen – das war zwar schon immer so, aber erst in unserer modernen Leistungsgesellschaft machen es sich die Menschen wirklich bewusst, was sie warum konsumieren. Und selbst wenn bei jeder sportlichen Großveranstaltung wieder Dopingsünder entlarvt werden und die Diskussion über die Ehtik der Leistungsoptimierung neu entfacht wird – dass ein Kosmetikkonzern sein Koffein-Haarwachstumsshampoo Alpecin mit dem Slogan »Doping für die Haare« bewirbt, daran stört sich eigentlich niemand mehr.

Der Drang zu Eigenoptimierung ist in unserer Gesellschaft omnipräsent. Er beginnt bei der Suche nach einer Frisur, die zum eigenen Typ passt, bei der Auswahl von Kleidung oder Make-up, beim Workout im Fitnessstudio. In Zukunft wird auch die Optimierung der eigenen Performance – vom Konzentrationsvermögen über die Präsentationsfähigkeit bis hin zur gedanklichen Merkfähigkeit oder auch schlicht die Optimierung des eigenen Schlafs, der eigenen Erholung – mittels Pharmazie zu einer Selbstverständlichkeit werden und zur neuen Gesundheitsrealität gehören. Damit betritt mit den »gesunden Unzufriedenen« in den nächsten Jahren eine neue Zielgruppe den Gesundheitsmarkt.

Smart Drugs: Die moralische Diskussion um das Brain-Enhancement hat gerade erst begonnen

»Letzlich beruht die Unterscheidung zwischen Therapie – der Behandlung von Kranken – und Doping – der Leistungssteigerung von Gesunden – auf dem scheinbaren Gegensatz von »gesund« und »krank«. Doch der Begriff »krank« ist keineswegs eindeutig«, wendet man bei der Zeitschrift »Psychologie Heute« ein und empfiehlt stattdessen die vier medizinethischen Leitlinien von Tom Beauchamp und James Childress bei der Beurteilung der Frage, wann die Anwendung von optimierenden Medikamenten akzeptabel ist. Diese sehen vor: Das Prinzip des Wohltuns, das Prinzip des Nichtschadens, das Prinzip des Respekts der Selbstbestimmung und das Prinzip der Gerechtigkeit. Erwachsene, die sich im Vollbesitz ihrer geistigen Kräfte dafür entscheiden, an ihrer körperlichen, seelischen oder geistigen Verfassung etwas mittels selbstbezahlter Pharmazie zu optimieren, und sei es mit Mitteln, die eigentlich zur Bekämpfung von Krankheiten entwickelt wurden – und denen es dabei gut geht – sollten demnach eigentlich den Segen sowohl der Medizinethiker als auch ihrer Mitbürger haben.

In der Leistungsgesellschaft wird das Alltagsdoping zum Common Sense

Denn auch wenn es lange Zeit überhaupt keine Zahlen für den Konsum von Neuro-Enhancer in Deutschland gab, belegt man jetzt bei der DAK mit dem »Gesundheitsreport 2009. Schwerpunktthema Doping am Arbeitsplatz«, dass rund fünf Prozent aller deutschen Arbeitnehmer, also rund 2 Millionen Menschen, schon einmal versucht haben, mit verschreibungspflichtigen Medikamenten ihre Leistung im Job zu verbessern. 800.000 Menschen sollen demnach regelmäßig zu diesen Substanzen greifen, die als Lifestyle-Pharmazeutika eingestuft werden und ein Neuro-Enhancement versprechen. Darunter versteht man die medikamentöse Verbesserung der Hirnleistung, die zum Beispiel mit Modafinil erreicht werden kann, einem Mittel, das gegen krankhafte Schläfrigkeit entwickelt wurde, oder auch mit Methylphenidat (Ritalin), das bei Kindern mit einem Aufmerksamkeitsdefizitsyndrom für Beruhigung sorgt, bei gesunden Menschen aber einen gegenteiligen Effekt hat.

Grundsätzlich sind es eher die männlichen Verwender, die zu aufputschenden Stoffen greifen, und eher die Frauen, die mit Hilfe von Stimmungsaufhellern ihre Performance am Arbeitsplatz zu optimieren versuchen. Wer die Mittel nicht von einem Arzt verschrieben bekommt, kann sie illegal aber ohne Probleme über eine internationale Versand-Apotheke im Internet beziehen. Und warum auch eigentlich nicht, fragt jetzt eine Gruppe von sieben Wissenschaftlern rund um den Chefredakteur der amerikanischen Zeitschrift »Nature«. Diese Neurobiologen und Bioethiker sehen das Neuro-Enhancement in einer Linie mit Gedächtnistraining, gesundem Essen oder klassischen legalen Wachmachern wie Koffein oder Taurin. Und sie berufen sich darauf, dass in den USA an einigen Universitäten bereits rund ein Viertel aller Studenten das illegale Hirn-Doping zugeben. Auch die Mehrzahl dieser Verwender sind Akademiker in verantwortungsvollen Berufen, die regelmäßig zu Psychostimulanzien, Beta-Blockern, Antidepressiva oder Amphetaminen greifen.

Brain besorgte Deutsche: Eine Untersuchung von Roper Consulting, belegt darüber hinaus, dass sich 70 Prozent aller Bundesbürger um ihr Gedächtnis sorgen (das sind mehr als in allen anderen befragten 30 Ländern). Was zudem erklärt, warum auch Nahrungsmitteln mit einem Gedächtnisunterstützenden Plus eine große Zukunft in Deutschland vor-ausgesagt wird. Von allen Nationen machen sich die Bundesbürger auch die größten Sorgen rund ums Alter. Während nur 43 Prozent aller Befragten mit den Jahren Einschränkungen ihrer Aufmerksamkeit befürchten, sind es in Deutschland 70 Prozent. Kombipräparate aus dem Bereich Phood (Pharma + Food) wie eine Hautstraffungsmarmelade oder ein Kollagen-Wasser-Vitamin-Getränk oder auch Functional Food speziell für die Silver Generation wie der amerikanische Healthy-Heart-Saft werden in den nächsten Jahren auch in Deutschland auf eine hohe Nachfrage stoßen.

Der Erfolg der Eigen-Ästhetik: Und natürlich ist damit auch der Schritt zu echten Eingriffen im Namen der Schönheit nicht mehr weit – es muss ja nicht immer gleich eine neue Nase oder ein neuer Busen sein. Viel höher sind die Zuwachsraten bei den sogenannten minimalinvasiven bzw. ästhetischen Eingriffen: Dem Gesundheitsausschuss des Bundestages zufolge lassen Deutsche heute 520.000 ästhetische Eingriffe pro Jahr an sich vornehmen, knapp 100.000 Menschen investieren bei uns zudem in eine Anti-Falten-Behandlung mittels Botolinum Toxin oder eines anderen Verfahrens. Und wer es ganz komfortabel haben möchte, kann sogar schon eine Botox-Flatrate buchen: ab 25 Euro im Monat für so viele Anwendungen in der Münchner Residenzklinik, wie man möchte (www.stopaging.de). Wem aber schon diese Verfahren zu unnatürlich scheinen, dem stehen jetzt mit dem neuen kosmetischen Zaubermittel der Hyaluronsäure vielfältige Möglichkeiten offen: Mediziner spritzen sie in arthritische Knie oder polstern damit Lippen oder Busen, im Nasenspray sorgt sie dafür, dass die Luft feucht ist, Kontaktlinsen werden dadurch leichter tragbar, Narben verblassen. Hyaluron-Mascara lässt die Wimpern dichter, Lippenstift mit Hyaluronsäure den Mund voller wirken. Und in Japan findet sich die Säure bereits in Beauty-Drinks und Kaugummis. Die Idee des Self Designs macht aus einstigen Pflegeprodukten gesundheitliche Investitionen in den eigenen Erfolg.

Prognose 2020

Die Zahlen legen nahe, dass mit dem anstehenden Altersbeben in Zukunft noch höhere Umsätze mit Healthstyle-Pharmazeutika generiert werden können – mit Medikamenten also, die den Alterungsprozess stoppen, das Gedächtnis und die Potenz optimieren und den Menschen dabei helfen, lange fit und gesund zu bleiben. Und dass es neben der Medizin noch eine ganze Reihe weiterer Branchen sein werden, die den Konsumtrend Self Design ankurbeln. Mehr und mehr Produkte und Dienstleistungen aus den Bereichen Food & Beverages, aus der Kosmetik- und Schönheitsindustrie, der Tourismus- und Medienbranche sowie der Sportindustrie werden künftig vor allem deshalb gekauft, um die eigene Performance zu optimieren. Um sich selbst gesund, schlank, schön, jung und fit zu fühlen und dieses auch nach außen zu transportieren. Die Spielregeln unserer wissensbasierten Leistungsgesellschaft laden zu dieser Eigen-Optimierung ein: Wer gesund, glücklich und erfolgreich sein will, muss zum Self Designer werden.

Die wichtigsten Schlussfolgerungen für die Konsummärkten des kommenden Jahrzehnts

Kaufen 2020 heißt Reprivatisierung des wirklich Wichtigen

Verbraucher der Zukunft nehmen Abstand vom reinen Lustkauf oder dem Shopping-Erlebnis der bloßen Kurzweile wegen. Produkte und Artikel werden sicherlich auch 2020 noch situativ und spontan gekauft, doch stets vor dem Hintergrund einer neuen, realen Bedürfnislage. Der reine »Lust-« oder »Frustkauf« ist obsolet. Aber Achtung: Was 2020 wieder wichtig ist, hat nichts mit einer Mangelsituation früherer Notzeiten zu tun, sondern bezieht sich in erster Linie auf die Regulierung der aus den Megatrends entstehenden neuen Defizite. Die neue Verknappung ergibt sich mehr im Immateriellen und wird vor allem durch die großen Veränderungsprozesse wie Individualisierung, Mobilität, Gesundheit, Bildung, aber natürlich auch durch die Folgen der Globalisierung hervorgerufen. Die Defizite von morgen heißen Zeit, Sicherheit, Werte, Selfness und Anpassungsfähigkeit.

Vereinfachen Sie den Alltag der Konsumenten durch Services und Dienstleistungen, die Zeitgewinn, Bequemlichkeit und Kompetenz im Alltag garantieren.

Demokratisierung der Verkaufsebenen: Konsumenten 2020 wollen Partizipieren

Verkauf war zu Zeiten von Tante Emma noch vor allem eins: ein soziales Erlebnis, bei dem alle Beteiligten kooperierten und die Hierarchien flach und übersichtlich waren. Erst durch die Entstehung der Konsumindustrien, Großmärkte sowie des riesigen Im- und Export-Marktes mit unzähligen Zulieferern, Zwischenhändlern und Automatisierung begann die Entmachtung des Käufers mit seiner Reduktion auf die phlegmatische Rolle des Geldgebers. Mit dem Wertewandel und dem daraus resultierenden Bedürfnis nach erhöhter Partizipation am Konsumprozess erleben wir in den nächsten Jahren eine noch stärkere Demokratisierung der Märkte. Die passiert in erster Linie über Kommunikation. Konsum wird also wieder zum Dialog – und das übergreifend: Künftig redet jeder mit jedem, Käufer mit Verkäufer, Käufer mit Hersteller, Käufer mit Käufer und das online wie offline, am klassischen POS, aber auch im privaten Hinterzimmer. Konsum findet 2020 überall und jederzeit statt und vor allem zwischen allen erdenklichen Verkaufsebenen. Der Kunde rückt wieder in den Mittelpunkt des Kaufaktes und wird zum aktiven Partner und Teil der Sales-Märkte.

Optimieren Sie Ihre Marke so, dass sich über die Quintessenz der Produkte hinaus Dialog und Partizipation für den Konsumenten ermöglichen lassen.

Der verantwortungsvolle Konsument: Zwischen neuer Selbstkompetenz und Inpflichtnahme

Nicht nur das Internet resp. Web 2.0, auch die zunehmende Individualisierung trägt zur Emanzipation des Kunden aus seiner Rolle des passiven Konsumenten bei. Selbstkompetenz, Reflexion und ein daraus folgender Wunsch nach Selbstoptimierung bewirken, dass sich die Verbraucher vom Herdentrieb verabschieden und verstärkt die eigenen Bedürfnisse beim Konsum fokussieren. Dieser neuen Verantwortung fühlen sich die Kunden aber nicht nur selbst verpflichtet, sondern sie erwarten das auch von ihren Partnern – dem Business. Beide Parteien – sprich auf der einen Seite die Wirtschaft ,auf der anderen die Verbraucher – möchten künftig einen nachhaltigen Nutzen erzielen und müssen daher bereit sein, Leistung zu bringen, um diese Win-Win-Situation zu erreichen. Der Konsument wird zunehmend Kontrollorgan, das die Businesses belohnt, welche die Verbraucher als gleichberechtigte Handelspartner ernstnehmen.

Verkaufen Sie Produkte, die sich für beide Seiten nachhaltig lohnen und erweitern Sie die Kernleistung Ihrer Marke um zusätzliche Dienste.

Nutzlustkauf: Konsum 2020
findet unter dem Vorzeichen eines persönlichen Mehrwerts statt

Das Managen des persönlichen Wohlbefindens rückt also immer stärkern in den Fokus des Verbrauchers während der Konsumfindungsphase. Im Vordergrund steht nicht länger eine kurze Befriedigung, sondern ein nachhaltiger Effekt des Einkaufserlebnisses oder -objekts. Dieser individuelle Profit kann psychischer wie physischer Natur sein, also einen affektiven, intellektuellen oder auch substanziellen Charakter besitzen, der einen langfristigen Mehrwert für den Käufer mitbringt. Verbraucher 2020 gehen demnach mit der Erwartungshaltung an den Einkauf, einen emotionalen Nutzkauf zu erledigen. Egal ob im Hinblick auf verbesserte Mobilität, erhöhte Zeitsouveränität, mehr Bildungskompetenz oder gesteigertes Wohlbefinden – der persönliche Mehrwert muss für den Konsumenten vor dem Einkauf bereits klar erkennbar sein und seitens der Unternehmen klar kommuniziert werden. Dies mündet quasi in eine Art Über-Konsum, bei dem es nicht um mehr Produkte, sondern um x-fachen Nutzen geht.

Sprechen Sie Ihre Kunden in ihren Lebenssituationen an und greifen Sie deren spezifische Bedürfnisse auf.

Nach den goldenen Zwanzigern kommen die dezenten Zwanziger

Bereits im ersten Jahrzehnt des neuen Jahrtausends haben wir immer wieder vom Neuen Luxus gesprochen: Erlebnisse ersetzen Prestigesymbole, Qualitätsgüter die Markenhypes, und Erfahrungen werden zum neuen Status. Bedingt durch die weltweite Finanzkrise und ihre nachhaltigen Folgen für das Wirtschaftsgefüge sowie das ökonomische Denken der Menschen wird künftig Neuer Luxus in seiner Reinform praktiziert: diskret und mit einem Ende für Prunk und Gloria. Bescheidenheit wird zur neuen Tugend, ohne dabei aber auf Wohlbefinden verzichten zu wollen. Der Discountkeller ist ebenso unattraktiv für die neuen Konsumenten wie das Hyper-Premium-Image. Für die Hersteller und Retailer bedeutet das weder »Geiz ist geil« noch »Wir hassen teuer«, sondern mehr eine Rückbesinnung auf ideelle Werte und auch den emotionalen Nutzen des Produkts. Oder wie es Inga Wermuth, Gründerin und Geschäftsführerin von Slogans.de ausdrückt: »Bei allem Negativen, was uns umgibt, sind wir bereit, zu verzichten. Aber offenbar nicht auf unsere gute Laune.« (Medianet, 28. April 2009). In der nächsten Dekade wird es nicht um ein »Mehr drin« gehen, sondern um »Mehr spaß denn je« (iPod) oder mehr Leben (»More Taste. More Life«, Bacardi).

Ermöglichen Sie den Konsumenten, das Besondere, aber Elementare (wieder) zu entdecken.

Die neue Revolution auf den Ästhetikmärkten: Cradle-to-Cradle-Design-Produkte

In den nächsten Jahrzehnten geht es nicht nur um intelligentere Produkte, sondern auch um ein clevereres Design. Das Umdenken der Verbraucher bezüglich eines smarten Konsums statt eines kopflosen Immer-Mehr-Einkaufs hat immanente Folgen für die gesamten Produktions- und Handelsketten. Es wird verzichtet und dennoch gekauft, aber das unter den Vorzeichen einer neuen Logik. Der Herstellungs- und Vertriebskreislauf wird neu geschrieben. Hintergrund hierfür ist in erster Linie ein neues ökologisches wie auch ökonomisches Bewusstsein bei den Verbrauchern, aber ebenso die zunehmende Ästhetisierung der Gesellschaft. Design wurde in den letzten Jahren demokratisiert und jedem zugänglich gemacht. Verbraucher möchten in Zukunft beides: Mit Verstand konsumieren UND ästhetisch ansprechende Produkte erwerben. Produkte von morgen müssen zu Diamanten und für den Käufer zu einem Generations-Objekt der Ewigkeit werden.

Sprechen Sie Ihre Kunden auch über Material und Gestaltung in ihren Grundsehnsüchten an.

Kurzdefinitionen Lebensstile 2020

Die Jüngeren

CommuniTeens

Die CommuniTeens reagieren auf die gestiegenen Mobilitätsanforderungen mit intensivem Networking. CommuniTeens sind Kollektivisten und Individualisten zugleich, die sich in einer globalisierten Welt via Internet und Mobiltelefon ihre Gemeinschaftsorte nach Interessen und Themen aussuchen. Die virtuelle Welt ist für sie jedoch keine »zweite Welt«, in die sie sich flüchten, sondern ein Hilfsmittel, um die Kontakte und Bekanntschaften aus dem analog-realen Leben zu ordnen, zu verwalten und zu pflegen. Sie wissen, dass sie in ihrem Leben viel stärker auf sich allein gestellt sind, und suchen daher Rückhalt in tiefer gehenden sozialen Beziehungen.

Inbetweens

Die Inbetweens kennzeichnet, dass sie zwischen den Stühlen sitzen. Bei ihrem Übergang bzw. Einstieg ins Berufs- und Familienleben unterliegen sie den sozialen Unwägbarkeiten und ökonomischen Zufälligkeiten, die sich nicht mehr grundsätzlich ausschließen lassen: Sie »switchen« in jungen Jahren häufiger zwischen verschiedenen Lebenssituationen und Identitätsentwürfen hin und her. Durch ihren holprigen und verzögerten Berufseinstieg (Praktika, befristete Verträge, Projektarbeit, Freiberuflichkeit) leben die Inbetweens in einem Zustand permanenter Mobilität und Umorientierung, der auch ihre privaten Beziehungen strapaziert und häufig zu einer ebenfalls vorübergehenden Angelegenheit macht.

Young Globalists

Wer bisher der Meinung war, Karrierewege seien in Zeiten von Unsicherheitsgesellschaft und Globalisierung nicht mehr planbar, wird durch die Young Globalists vom Gegenteil überzeugt. Young Globalists begegnen den Unsicherheiten und Unwägbarkeiten des modernen Lebens mit professionellem Life-Management. Job und Karriere bilden für sie die zentralen Bestandteile zur Identitätsfindung – wo immer es sie hinverschlägt: transnational, weltweit. Young Globalists gehören zur neuen Business-Elite. Auf ihrem »straighten« Karriereweg sind sie aber keineswegs emotional kalte »Ego-Karrieristen«, die nur auf ihren monetären Vorteil aus sind.

Latte-Macchiato-Familien

Die Latte-Macchiato-Familien zeichnen sich dadurch aus, dass sie ihren gewohnten urbanen Lifestyle (Latte Macchiato im Straßencafé, Pizzaservice, Cocktailbar) ins Familienleben übernehmen. Es handelt sich bei ihnen um Jung-Familien, die bewusst in der Stadt leben und nicht aufs Land ziehen, weil sie mobil sein wollen und auf das städtische Angebot (Unterhaltung, Konsum) nicht verzichten möchten. Sie wirken auf den ersten Blick wie Vertreter eines unkonventionellen und alternativen Lebens. Sie denken und handeln gesund und nachhaltig, pflegen einen hedonistischen Lebensstil und sind offen gegenüber technologischen Innovationen. Für Qualität, Funkionalität und Design zahlen Latte-Macchiatos gerne auch mal mehr.

Die-Mid-Ager

Super-Daddys

Das Projekt der Gleichstellung der Geschlechter wird von den Super-Daddys in die Tat umgesetzt. Sie möchten über partnerschaftliches Familienleben nicht nur reden, sie möchten es leben. Auch wenn das bedeutet, dass sie fragmentierte, diskontinuierliche Erwerbskarrieren akzeptieren müssen. Die Super-Daddys verlangen das Big Picture: beruflichen Erfolg, Glück, Zusammensein mit den Kindern, ein intaktes Familienleben, persönliche Selbstvervollkommnung – auch wenn sie das tagtäglich an die Grenzen der Belastbarkeit bringt. Der Einzug der Super-Daddys ins häuslich-familiäre Leben ist kein Rückzug und kein Zeichen für eine Verweiblichung – und auch kein einfacher Tausch der tradierten Rollenmuster.

VIB-Familien

VIB-Familien (Very-important-Baby-Familien) sind der gelebte Beweis dafür, dass die Familienplanung mit Mitte bis Ende 30 noch nicht abgeschlossen ist. Die VIB-Eltern sind gesellschaftlich und beruflich etabliert. Viele ihrer Ziele haben sie bereits verwirklicht. Was ihnen zur Vervollkommnung des privaten Glücks noch fehlt, ist ein Kind. Das »späte« Kind (meist bleibt es bei einem) betrachten die VIB-Eltern dann als logischen Anschluss an die bis dato erfolgreiche berufliche Karriere. Anders gesagt: Vorher war für ein Kind kein Platz im Leben, jetzt wird es dafür umso mehr zu einem großen Wunschprojekt. VIBs sind in der Regel Eltern mit hoher Bildung und bildungsbürgerlichem Hintergrund. Zu ihnen zählen auch soziale Aufsteiger, für die Bildung und Werte zentrale Bedeutung haben.

Netzwerk-Familien

Netzwerk-Familien sind Versorgungs- und Beziehungsmodelle, die dokumentieren, dass Familie als Form des Zusammenlebens keinesfalls am Ende ist. Sie stehen für eine Form des Zusammenlebens, die weit über die heilige Trias von Vater-Mutter-Kind hinausgeht. Netzwerk-Familien liegt ein erweiterter Familienbegriff zugrunde – nach dem Motto: »Familie ist, wo man ohne zu fragen zum Kühlschrank gehen kann, wenn man Durst hat« (Der Spiegel, 26.2.07). Das lockere, aber verbindliche Konstrukt ist ein komplexes Funktionssystem, das in der Zusammensetzung ihrer Mitglieder grundsätzlich offen und vielgestaltig ist. Oftmals zählen neben den Großeltern und Ex-Familienmitgliedern bzw. -Partnern auch Nachbarn oder Freunde dazu.

Tiger-Ladys

Tiger-Ladys reagieren direkt auf die Fallstricke, über die ihre Mütter gestolpert sind: Sie bleiben reaktionsschnell und angriffslustig, auch wenn eine Beziehung in die Brüche geht oder die Karriere abstürzt. Tiger-Ladys haben ein großes Ziel vor Augen: Selbstständigkeit und Selbstverwirklichung. Sie dringen in männliche Reviere vor: in den Medien, an den Universitäten, in der Politik und in den Führungsetagen der Unternehmen. Dabei geht es ihnen nicht um die Durchsetzung egoistischer Interessen, sie sind keine Egozentrikerinnen und möchten auch nicht die feminine Version eines männlichen Turbokarrieristen sein. Familie, Kinder und ein erfülltes Beziehungsleben sind ihnen mindestens genauso wichtig. Tiger-Ladys, das sind die Frauen von morgen, die über die Bewerbungsrhetorik à la »Frauen und Behinderte werden bevorzugt eingestellt« nur noch lachen können.

Die neue Alten-Generation

Silverpreneure

Silverpreneure diskutieren nicht über die Rente mit 67: Sie machen sowieso weiter wie bisher, weil sie Arbeit nicht als täglichen Frondienst erleben. Sie sind sehr aktiv und unterscheiden sich kaum von den »normalen« Erwerbstätigen – mit dem kleinen Unterschied, dass Silverpreneure ihre Arbeit mit Erfahrung und Gelassenheit machen. Ihre gestiegene Zeitsouveränität ermöglicht ihnen einen umfassenderen Blick auf die Welt und Themen rund um Gesellschaft, Politik und Technik. Arbeiten (auch ehrenamtlich) ist für sie Teilhabe an der Welt und an sozialen Zusammenhängen. Silverpreneure sind nicht wandelresistent, nutzen deshalb auch mit Begeisterung die Vorzüge des Internets. Viele von ihnen gehören auch zu den sogenannten Senioren-Studenten.

Super-Grannys

Super-Grannys sind erfahrene und selbstbewusste Frauen jenseits des 55. Lebensjahres, die den sogenannten 3. Lebensabschnitt aktiv und selbstbestimmt gestalten möchten. Auch wenn der späte Aufbruch der Super-Grannys sehr stark auf eigene Selbstverwirklichung zielt, distanzieren sie sich nicht komplett von tradierten Rollenanforderungen: Die gesellschaftlich engagierte und/oder familiär fürsorgliche Mutter, Oma oder Uroma kommt bei ihnen nicht zu kurz und gehört zum festen Bestandteil ihres »Un-Ruhestands«. Super-Grannys weichen mit ihrer Lebensphilosophie deutlich von den Biografien ihrer Mütter und Großmütter ab, die sich in der Regel selbstlos für die Familie aufopferten.

Greyhopper

Greyhopper sind der Beweis dafür, dass Alter und körperlich-geistige Abenteuer keine Gegensätze sein müssen. Im Unterschied zu den Silverpreneuren gehen dem Greyhopper-Lifestyle radikale(re) Brüche voraus: Die Greyhopper lösen sich bewusst von lange gelebten Kontinuitäten und Gewissheiten. Sie möchten noch einmal ein neues Leben beginnen. Zweiter Aufbruch heißt (noch einmal): Unsicherheit, Tabula rasa, Ressourcen aktivieren, Festplatte booten. In gewisser Weise ist das eine zweite Pubertät. Hauptkennzeichen für den Greyhopper-Lifestyle sind denn auch Konsumgewohnheiten, Freizeitaktivitäten und persönliche Einstellungen, die wir bislang spontan eher mit Jugendlichkeit oder jungem Erwachsenenleben assoziiert haben.

Oliver Dziemba, Benny Pock,
Andreas Steinle
Lebensstile 2020
Zukunftsinstitut 2007
www.zukunftsinstitut.de/lebensstile2020

Kurzdefinitionen der Megatrends

BILDUNG: Die Schlüsselressourcen für wirtschaftliche und soziale Weiterentwicklung heißen Bildung und Wissen. Der Fortschritt und die Produktivität ganzer Volkswirtschaften werden künftig immer stärker vom Humankapital und der Innovationsfähigkeit abhängig sein. Für den Einzelnen bedeutet Bildung einen nie endenden Prozess. Lebenslanges Lernen statt Aus-Bildung.

CONNECTIVITY: Die zunehmende digitale Vernetzung prägt unseren Alltag wie nie zuvor. Entscheidend dabei ist, dass Internet, Handy und Co. in der Informationsgesellschaft andere soziale Funktionen erfüllen als noch vor wenigen Jahren. Sie sind fester Alltagsbegleiter, prägen soziale Bedürfnisse und bilden die Basis neuer Netzwerkgemeinschaften. Mit deutlichem Einfluss auf unsere Konsumgewohnheiten.

FEMALE SHIFT: Der Einfluss von Frauen in Wirtschaft und Gesellschaft, in Politik, Wissenschaft und Kultur nimmt seit Jahren massiv zu. Nicht zuletzt durch das stetig steigende Bildungsniveau der jungen Frauengeneration. Die »Feminisierung« der Gesellschaft hat weitreichende Folgen für das neue Verständnis von Werten, Miteinander, aber auch für Arbeitsprozesse und Konsummuster.

GESUNDHEIT: Kaum eine Alltagsentscheidung findet künftig ohne die Berücksichtigung des Faktors Gesundheit statt. Gesundheit wird damit zu dem Schlüsselmarkt der Zukunft, der alle Lebensbereiche und Branchen verändert.

GLOBALISIERUNG: Die Globalisierung ist eine der zentralen Herausforderungen und gleichermaßen Chance für die Welt des 21. Jahrhunderts. Die Welt wird zum Dorf, Entfernungen und Grenzen sind viel leichter zu überwinden. Globalisierung ist ein Megatrend, der sich in allen gesellschaftlichen Bereichen auswirkt: vom Bildungssystem und Konsum über die Massenmedien und Kultur bis hin in die privaten Lebens- und Beziehungswelten der Menschen.

INDIVIDUALISIERUNG: Nicht zuletzt durch den Wohlstandszuwachs der letzten fünf Jahrzehnte, aber auch durch das Zusammenspiel mit den Megatrends Globalisierung, Female Shift und New Work lassen sich Lebensentwürfe heute und in Zukunft wesentlich selbstbestimmter konzipieren als noch eine Generation zuvor. Dahinter steckt der Wunsch nach absoluten, uniken und besonderen Lebensstilen, Produkten, Marken.

MOBILITÄT: Wir werden über die nächsten 30. Jahre hinaus eine vom Mobilitätsgedanken angetriebene Geselschaft bleiben. Mobilität wird für ganze Volkswirtschaften ebenso wie für jeden Einzelnen zur Notwendigkeit und erhält für die Gesellschaft des 21. Jahrhunderts zunehmend an Bedeutung – im Sinne von alltäglichen Wegen, Reisen, beruflichen und privaten Stationen.

NEO-ÖKOLOGIE: Der Megatrend Neo-Ökologie hat längst alle Branchen und Märkte erfasst. Er verschiebt die Koordinaten des gesamten Wirtschaftssystems in Richtung einer neuen Business-Moral und des inzwischen viel zitierten Lifestyle of Health and Sustainability (LOHAS).

NEW WORK: Die Arbeitswelt unterliegt derzeit einem drastischen Wandel: Wir befinden uns an der Schwelle von der industriellen Arbeitsorganisation hin zu einer Kreativökonomie mit flexiblen, mobilen, team- und projektorientierten und selbstständigen Arbeitsformen.

SILVER REVOLUTION: Die demografische Entwicklung führt dazu, dass sich künftig eine sinkende Zahl junger Menschen einer wachsenden Zahl alter Menschen gegenübersieht. Mit eklatanten Folgen für die soziokulturellen Ordnungen. Wichtig dabei: Die Gesellschaft von morgen wird zwar immer älter – ohne dabei physisch und psychisch zu altern.

:zukunfts|institut

Herausgeber
Zukunftsinstitut GmbH
Robert-Koch-Str. 116 E
D-65779 Kelkheim
Tel. +49 (0)61 74 96 13-0, Fax: -20
E-Mail: info@zukunftsinstitut.de
www.zukunftsinstitut.de

Redaktion
Oliver Dziemba

Autoren
Corinna Langwieser
Anja Kirig

Layout/Illustration/Cover
Silke Julia Pentrop

Reinzeichnung
Daniela Credentino

1. Auflage

ISBN: 978-3-938284-50-6

Bildmaterial
Cover:
© cydonna / photocase.com
© suze / photocase.com
© una.knipsolina / photocase.com
© siffer / photocase.com
© akileb / photocase.com
© JDD photo* / photocase.com
© manun / photocase.com

Inhalt:
© cydonna / photocase.com
S.22: www.stylepark.com/de/